海岛与海岸管理研究文库

蔡 锋 主编

COASTAL GOVERNANCE

海岸治理

[美] 理查德·巴勒斯 (Richard Burroughs) 著
邓云成 李文君 陈 淳 刘建辉 译

海洋出版社
2017年·北京

图书在版编目（CIP）数据

海岸治理/（美）理查德·巴勒斯（Richard Burroughs）著；邓云成等译.—北京：海洋出版社，2017.9

（海岛与海岸管理研究文库/蔡锋主编）

书名原文：Coastal Governance

ISBN 978-7-5027-9935-9

Ⅰ.①海… Ⅱ.①理… ②邓… Ⅲ.①海岸带-综合治理-研究 Ⅳ.①P748

中国版本图书馆 CIP 数据核字（2017）第 239157 号

责任编辑：赵 娟

责任印制：赵麟苏

海洋出版社 出版发行

http://www.oceanpress.com.cn

北京市海淀区大慧寺路 8 号 邮编：100081

北京朝阳印刷厂有限责任公司印刷 新华书店北京发行所经销

2017 年 9 月第 1 版 2017 年 9 月第 1 次印刷

开本：787 mm×1092 mm 1/16 印张：14.25

字数：250 千字 定价：78.00 元

发行部：62132549 邮购部：68038093 总编室：62114335

海洋版图书印、装错误可随时退换

南茜
谢谢你

序 xiii

有关自然环境变化的讨论，催生了绝大部分的海岸[①]政策问题。然而最终都会围绕人类共同价值观，以及人类所采取的行动进行讨论。当人类行为决定生物数量（populations of organisms）和生物系统的状态时，人类即影响着物质和能量的流动。个体是生态变化的根本推动者，特别是当其不受约束时。相反，个体的行为若加以引导，可以产生社会制度和自然体系，可提供社会所寻求的许多价值观。因此，了解政策过程及其在海岸问题中的适用，有助于解决沿海陆地和水域的实际问题。

在此须有一段介绍性的文字来解释这样一个事实：有效的海岸管理需要整合许多人类活动的信息，但个体通常只关注与主题相关的某一门学科。此外，应认识到，制度变革提高了人类活动和环境限度之间的匹配性，这为当下讨论海岸治理奠定了基础。一些学生对海岸的重要性和大量自然科学知识抱有极大热情，但是他们可能并没有研究政策过程，并会在看似无法反映自然科学的海岸治理讨论中受挫。而另外一些学生可能熟悉人文知识和政府运作程序，但并不了解治理方案背后的自然科学及其操作。

为了满足这两类学生，以及专业人士和相关市民的需求，本书确定了一系列海岸治理问题，解释了作为问题处理方式的政策过程，并论证了自然科学在哪一方面可以以及如何协助海岸治理政策。本书还介绍了政策过程是如何在理想和实践层面运作的。本书各章节通过深入探讨污 xiv
水、石油、湿地、流域和渔业等特定情况，阐述了管理沿海陆地和水域的法律和机构。当以部门为基础的管理、空间管理和基于生态系统的管理在具体问题中得到应用，并得到评估和修订时，读者将会直接看到在起作用的力量有哪些。随着海岸治理的发展，将出现不可避免的变化，本书通过关注这些变化之下的政策过程，将教会学生如何应对这些变化，

① Coastal 在中英语义转换中，有海岸、沿海两种译法，下同。——译者注

以满足沿海地区不断增长的民众需要，并符合其价值观。我非常感激与我探讨这些话题的同事和学生，以及海岛出版社许多帮助完成这本书的工作人员。本书最初源于我休假期间访问耶鲁大学林业与环境研究院（School of Forestry and Environmental Studies）时詹姆斯·古斯塔夫·斯佩斯（James Gustave Speth）对我的鼓励。对这本书产生共鸣的学生，他们在课堂讨论中的观点、质疑，他们所撰写的论文，最重要的是他们投入海岸管理事业的决定，都极大地激励了本书的成稿。罗德岛大学研究生助理艾琳·杰克逊（Erin Jackson）和翁长华（音译）（Changhua Weng）为本书收集了关键信息。海岛出版社为本书提供了匿名评审，这对本书的最后定稿有非常大的帮助。海岛出版社编辑埃米莉·戴维斯（Emily Davis）对书中文字和文本陈述提出的修改建议给予了很大帮助。加布蕾·伯努瓦（Gaboury Benoit）、特蕾西·道尔顿（Tracey Dalton）、劳伦斯·犹大（Lawrence Juda）、赛斯·马钦科（Seth Macinko）和罗伯特·汤普森（Robert Thompson）非常细致地审阅了各个章节，贡献了他们的时间和见解。若有其他遗漏，均是作者个人的责任。

于罗德岛和平谷无望农场

2010年6月

目　录 ix

第 1 章　海岸危机① 1

对许多人来说，海岸代表着温暖的夏日时光，在一个温情的沙滩游泳，有海鸟嬉戏，还可以玩堆沙堡的游戏。然而，这一理想并不能反映全部的现实。相反，水污染、海岸侵蚀、生境破坏，以及其他压力正威胁着美国所有的海岸地区。

我们对海岸的利用方式多种多样，而这些利用方式之间往往是相互冲突的，这便产生了以上问题。海岸不仅是美丽的自然区域或家庭娱乐场所，也是垃圾处理、货物运输、房屋建造、工业扩张等的所在地。

例如，墨西哥湾“深水地平线”（Deepwater Horizon）钻井平台漏油事件就凸显了能源供应和环境之间的冲突。在旧金山湾和五大湖等区域，航运和经济活动都依赖于水生环境，但却又与之有所冲突。为容纳大型船舶，港口疏浚在所难免，但挖掘污染沉积物至清除地，以及疏浚物的最终摆放地，都需要耗费环境成本。虽然潮间带湿地（intertidal wetlands）是重要生境，但由于开发活动蚕食了其面积与功能，这些潮间带湿地变得岌岌可危。

许多类似的其他问题都需要加以应对。我们如何解决这些问题，以及如何平衡相互冲突的海岸使用情况，相关决定都已反映在管理实践中。当预期和现实存在分歧，就会产生冲突，而这些冲突揭露了我们整个社会有多了解海岸，
以及我们在管理海岸的过程中，秉持了多重的价值观。最终，我们通过政府政 2
策来表达整个社会所做出的选择，这将决定海岸的未来。本书阐明了这些选择，解释我们过去如何做出这些选择，以及我们未来可以如何改善。

这一讨论的出发点在于探讨我们目前的应对之策是否足够。当我们集合所有用于改善海岸现状的单个政策时，它们能共同导向成功吗？想要回答这个问题，其中一种方法就是考虑这些政策对生态健康的总体影响。另一种方法则是检视政策本身，以及在管理沿海陆地和水域时，我们适用协调一致的方法的程度。这两种方法在本章节都有涉及。

---

① 还可参见唐·亨瑞奇著．蔡锋，张绍丽，邓云成译．《我们的海洋：海岸危机》．北京：海洋出版社，2017 年 8 月出版．——译者注

海岸现状

衡量政策成败的最基本标准是海岸现状，这可以通过水质等因素反映。不幸的是，整个美国沿岸水质都被认为是一般到差（EPA，2008a）。图 1.1 中，每个区域总体评分的主要依据都是水质和生境质量。含有固体的浑水、含氧量低的水，或者有机物分解水平高的水，在国家水质评级中都得分很低。农业及其他来源的污水排放和富营养化，导致了藻类的生长和腐烂，最终这都会引起水质问题。同样，如果沉积物或生物遭到污染，且海底生物数量与该地自然存在的生物有所不同，那么水体质量也会很差。

除了水质因素外，还有其他一些评判海岸环境状况的综合指标，包括渔业健康和湿地等生境状况。每年有两万多英亩[①]海岸生境消失（Pew Oceans Commission，2003，vi），许多渔业产量都有所下降。例如，政府估计在 2008 年有 20%的鱼类遭到过度捕捞[②]（NMFS，2008）。

环境变化的驱动因素

很显然，我们目前利用海岸的方式造成了环境的破坏。具体而言，人类活动究竟负有怎样的责任？任何直接或间接引起生态系统变化（Nelson et al.，2006）的活动，都可以被视为“驱动因素”。海岸变化的驱动因素包括温室气体排放、入侵物种[③]、土地用途的转变、农业施肥，以及不断增长的海岸地区人口。

① 英亩为非法定计量单位，1 英亩≈4 046.86 平方米。

② 过度捕捞：鱼类种群的生物活力因渔业活动而减少的结果状况。（原书作者把术语专门作为一章，位于本书后面。考虑术语的解释需要和学习的必要，也考虑到同一术语在不同学科具有不同的理解，译者把术语解释直接放于相关术语所在页，便于阅读学习。——译者注）

③ 入侵物种：被引入的可能对经济、环境及人类健康造成危害的非本地的或外来物种。

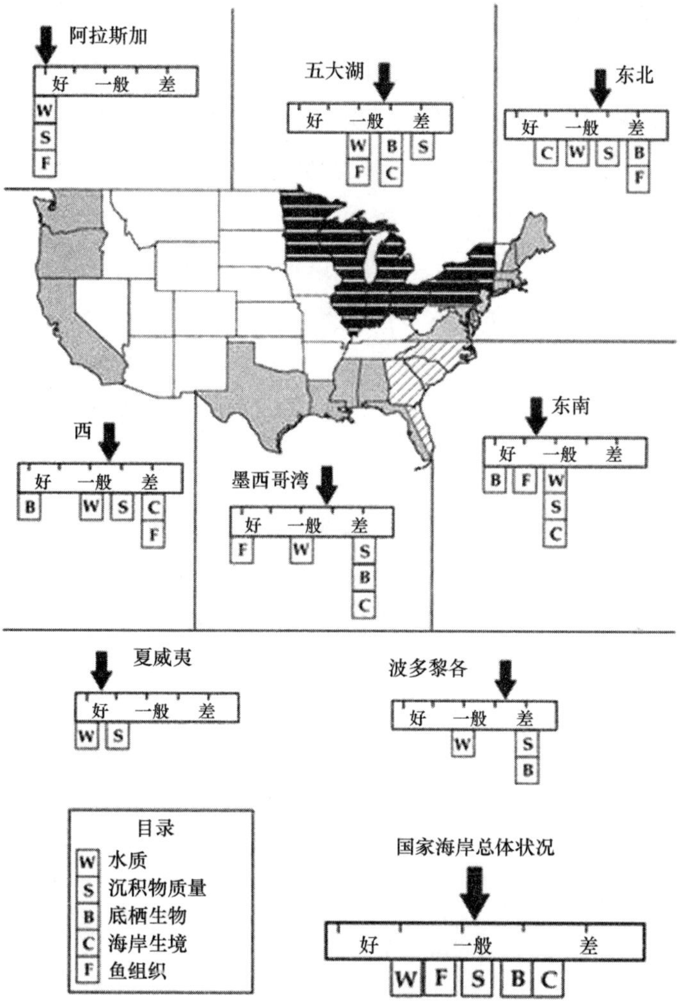

图 1.1　海岸情况①

① 美国国家环境保护局（U. S. Environmental Protection Agency）通过创建水质、沉积物、底栖生物、生境丧失和鱼组织（fish tissue）污染等指标，评估了 2001—2002 年区域性和全国范围内的海岸状况。在全国范围内，海岸系统状况一般（Fair），如计分条上的箭头所示。区域性状况则显示，各区的等级从好（阿拉斯加中南部、夏威夷）到差，或者一般到差［五大湖（Great Lakes）、东北（Northeast）、波多黎各（Puerto Rico）和墨西哥湾（Gulf）地区］。更重要的是单个指标的得分，如计分条下的字母所示，因为这些单个指标才会显示出需要进一步关注的事项。例如，当沉积物质量和底栖生物群落状况等级偏低时，则需要加强限制沉积物的污染或扰动。（数据来源：EPA，2008a） 3

4 表1.1列出了本书涵盖的所有驱动因素。这些驱动因素在某种特定情况下的作用效果受到经济活动、科学发现、技术应用和各种社会因素的影响。

所有未来的管理工作都将受到以下两个主要驱动因素的制约：不断增长的人口和不断上升的海平面。虽然海平面一直在持续上升，但越来越多的人仍选择临海而居。日益增多的人口和海水的不断侵蚀，加大了人口密度以及冲突的可能性。让我们来仔细考查这些细节性部分。

排除阿拉斯加地区，美国总人口的53%都居住在沿海郡县，而这些地区只占美国总陆地面积的17%（Crossett et al.，2004）。沿海郡县平均人口密度超过300人/平方英里①，而整个美国的平均人口密度为98人/平方英里。如果我们仅关注人口密度，可以发现，6个人口最密集的沿海郡县人口密度达到13 000人/平方英里至68 000人/平方英里，而且美国20个人口密度最高的郡县中有19个都处于沿海（Crossett et al.，2004）。沿海郡县不仅人口密度最大，且平均密度约为内陆郡县的5倍。

表1.1　环境变化的驱动因素

活动	影响	章节
人口增长	空间和资源的消耗；冲突	1
化石燃料燃烧	大气成分变化导致气候变暖和海平面上升②	1
污水排放	水质、疾病	3
油气开采	土地利用、环境恶化	4
航运	疏浚及疏浚物处理	5
生境保护	湿地区域	6
海岸开发	土地用途的转变	7，9
农业和土地开发	径流量、径流质量	8，9
渔业	生态系统、人类社群	10

在有限的沿海地区，不断增长的人口趋势已经持续了半个多世纪（图1.2）。在图1.2所示的55年时间里，沿海郡县人口增加了8 000万。每个人都需要居住地、交通、食物、垃圾处理等，每种需求都为环境带来了额外负担，并最终

① 平方英里为非法定计量单位，1平方英里≈2.590平方千米。

② 海平面上升：由海水的热膨胀和陆上冰融化而导致的全球性的海平面上升。海平面上升将最终导致湿地被淹、沙滩侵蚀、沿海洪水及其他变化。

促使变化的产生。沿海地区不断增长的人口趋势表明，以上各种需求仍将继续增加。

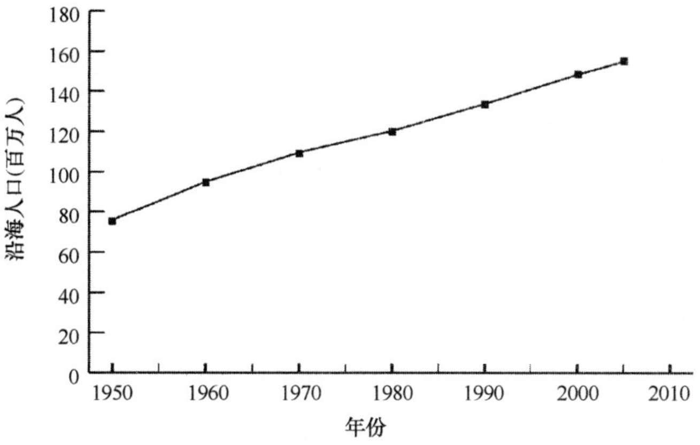

图 1.2　沿海郡县人口① 5

研究表明，人口数量和环境质量紧密相关，某地区人口数量的增加会导致环境质量在某些方面的下降。埃利希等（Ehrlich et al.，1990）提出，环境影响会随人口数量、富裕程度和技术水平而变化，为这三者的乘积。虽然有效的技术可以减少环境破坏，但更多的财富还是趋于加重环境破坏。到目前为止，沿海郡县拥有美国最高的人口密度，且事实证明，沿海郡县人均收入比内陆居民要高。因此，我们可以认为，对环境破坏程度最大的地方位于海陆边缘或其附近。

不断增长的人口引发了在有限的地理范围内建造更多房屋住宅的需求，而且在大多数情况下，房屋都是水平拓展，而非垂直扩张。为了满足不断增长的需求，21 世纪的最初几年，沿海郡县每天都会颁发 1 540 余张的独栋房屋许可证
(Pew Oceans Commission, 2003)，此外还会颁发许多多户住宅许可证。不断增多 6
的房屋住宅，以及这些住宅向外扩张的属性，以非常快的速度消耗了沿海陆地。一项评估发现，在许多沿海地区，开发活动对土地的消耗率是人口增长速率的 5 倍或更多（Pew Oceans Commission, 2003）。如果这些数字在全国范围内都具有代表性，那表明滨海景观已经发生了巨大改变。

此外，沿海土地的消耗不仅是由房屋建设造成的，还有海平面上升，两者

① 沿海郡县人口在大约 55 年的时间内几乎翻倍。如果把人口作为计算沿海陆地和水域使用次数和强度的指标替代物，那么可以很明显地看出，有限的沿海陆地和水域所承受的压力正在迅速增加。数据来源：U. S. Census Bureau，2007.

共同作用可迅速改变某一沿海地区。全球变暖引发了海平面上升。由于人类活动释放了额外的温室气体，如二氧化碳，大气组成发生了变化，阻碍了辐射向外释放，并使大气和海洋变暖。

为了评估这种变化的后果，国际科学组织建立了政府间气候变化专门委员会（Intergovernmental Panel on Climate Change，IPCC），会聚了来自世界各地的科学家。该委员会发现，在过去100年，全球平均近地面大气温度升高了0.74℃。他们预计，该指标未来每10年还将继续增加0.2℃（IPCC，2007a）。

较高的大气温度融化了陆地上的冰雪，增加了流入海洋的水流量。此外，海水本身虽然只融化了很少量的冰川，但也增加了海水量，从而导致海平面进一步上升。在20世纪期间，全球平均海平面每年上升1.7毫米，但自1993年以来，这一速率达到了每年3毫米（IPCC，2007b，409）。预计到21世纪末，海平面最少上升7.1英寸（0.18米），最多上升23.2英寸（0.59米），这取决于对未来90年内温室气体排放水平的预期（IPCC，2007a，13）。但这些预估并不包括大陆向海洋的冰层流动，而这会迅速加快变化速率。此外，由于沉积物压实作用及其他因素，提升了相对海平面[①]，三角洲等某些地区的沿海陆地正在下沉。总之，政府间气候变化专门委员会的预测显示，21世纪的海平面上升量至少会与20世纪旗鼓相当，即1993年之前，全球海平面平均每年上升1.7毫米，之后每年上升3毫米。然而，21世纪海平面上升的速率可能超过20世纪的3倍或者更多，而冰层流动会进一步恶化这一问题。鉴于20世纪最后几年的海平面上升速率不断增长，很有可能做出更高的预估。

全球变暖和海平面上升在多个重要方面影响着沿海地区（IPCC，2007c）。
7 首先，海岸侵蚀影响了沿岸较高海拔的一些区域；其次，湿地被夹在向陆一侧的开发用地和向海一侧的海水侵蚀之间，不断被挤压、缩小；再次，预计每年受洪水灾害影响的人数会上升，尤其是在陆地下沉的地区和可能有热带风暴的地区；最后，强热带风暴可能有所增加，这将会破坏海岸环境和与之相关的社会系统。

预计每年上升的海平面高度可能听起来微不足道，但需承认在一个世纪的时间里，海平面可能上升了约2英尺（0.61米）。如果沿海陆地相对比较平坦，那么海平面在垂直维度上非常小的上升，就可能导致海水在水平维度上侵蚀非常大的面积。

---

① 相对海平面：由地面抬升（沉降、地壳均衡回弹、地震及其他因素）及全球海平面变化所导致的在特定地理区域形成的海平面。

最近，有一项考察整个美国的调查研究。该研究报告认为，海平面上升和风暴潮造成道路、铁路和机场跑道被淹，在未来几年将成为一个日益严重的问题（National Research Council, 2008）。另一项更具体地着眼于中大西洋地区（纽约到北卡罗来纳州）的研究表明，该区域高达 10%的人口所居住的地区或城市街区中，至少有部分陆地仅稍高于每月最高潮位线 39 英寸（1 米）（Titus et al., 2009, 110）。这类情况无疑警告我们，这些地区将遭遇更多的洪水。目前，在中大西洋地区，3%~10%的人口，或多达 340 万的人口，生活在只高于规律涨潮最高线 39 英寸（1 米）的陆地上或其附近（Titus et al., 2009, 26）。久而久之，每年只有几毫米的变化可能会影响数百万人的生命。

海洋委员会

在海岸上和海洋中始终存在环境变化，这些环境变化与政策之间的关系并没有被忽视（Cicin-Sain and Knecht, 2000）。最近，非营利性组织皮尤慈善信托基金（The Pew Charitable Trusts）和联邦政府分别成立了两个全国委员会，这两个委员会已经在考虑海岸问题及其解决方法（专栏 1.1）。这两个委员会都借鉴参考了不同专业人士的意见，细致考虑了海岸管理的目标，并提出了更有效的方法来达成目标。两个委员会都确认了目前政策存在严重缺失。

专栏 1.1 全国委员会 8

《美国的真实海洋：记录海洋巨变进程》（*America's Living Oceans: Charting a Course for Sea Change*）（Pew Oceans Commission, 2003）和《21 世纪海洋蓝图》（*An Ocean Blueprint for the 21st Century*）（U. S. Commission on Ocean Policy, 2004）都将国家关注点集中于改善海岸和海洋治理的需求。两份报告都评估了国家形势，并提供了管理建议。第一份报告，俗称“皮尤委员会报告”，其编制过程受到 18 名委员的审查，由专业人员协助完成，并由提供技术报告的咨询顾问进行补充。皮尤慈善信托基金资助其为期三年的运作，直到 2003 年该份报告发布为止。就第二份报告而言，2000 年的《海洋法案》（Oceans Act of 2000）建立了海洋政策委员会，这一联邦特许机构包括了 16 名委员、1 名专业工作人员、数名科学顾问，并如其前身一样，召开了一系列公开会议以收集信息。总结报告于 2004 年完成，并得到了总统的批复。

两个委员会已经提出了数百项建议，涵盖当代海洋政策的大部分领域。两个委员会在与沿海问题相关的主要建议中，至少在四个方面有所重叠：流域管理、污水排放、建立区域海洋委员会，以及渔业管理/水产养殖。而仅有其中一个委员会选择的优先行动项目包括：（海洋）新用途的协调管理和生境保护的重点关注。为大力推广这些行动，委员会认为需要加大科学和教育经费，并通过新设立的高级别政府机构来协调海岸和海洋项目。

这两份报告的完成使海岸管理的组织结构和内容开始发生变化。环境质量委员会（Council on Environmental Quality）的新监管机制——修订版的海洋科学规划，以及能源法和渔业法的厘清，至少有部分源于这两个委员会的调查结果。然而，这两份报告却呼吁采取更大胆的措施，包括建立新的跨州的区域性海岸-海洋管理实体、确立各州自身的海洋规划，以及设立联邦海洋政策特别工作组。虽然评估这两个委员会的总体影响还为时尚早，但这些已有的成就表明，未来很可能发生显著改善。

例如，这两个委员会发现，尽管联邦法律已经大大降低了点源污染①，但在
9 控制非点源污染②方面却表现欠佳。政府法规要求特定来源污染物，在排放到河流或河口之前需进行处理，如来自下水道或工业厂房的污染物。但是，这种个别管道排放并不是唯一存在的问题。化肥、粪便和其他农业用化学品，在降雨后会通过地下水和径流流向海洋。道路、停车场和屋顶的水流速度比森林和草原中的更快。因此，城郊的发展不仅改变了水质，而且改变了径流量。对这些及其他非点源污染的失败管理，已经损及在控制管道排放和改善沿海水质中取得的总体成效。显然，需要制定新政策。我们将在第 2 章详细讨论如何制定政策，以及这一过程所涉及的法律框架。

解决方案虽然有益但并不完备，这种情况在有关生物系统问题的解决方案中也有体现。在许多情况下，片面控制人类活动已造成的污染和过度捕捞。野生动植物繁殖种群已经下降，渔业产量也已降低；在许多沿海地区，海草床和湿地正在消失；入侵物种还促成了许多生态系统的衰退。政府已经采取措施来减轻这些生物学上的变化，但在每种情况下，委员会还是发现仍有改进的需要。

综合来看，两个委员会的建议代表了几代人所提出的海岸和海洋治理中最

---

① 点源污染：可以追溯到单一源头或来源的污染，例如污水处理厂管道。

② 非点源污染：土地使用活动向地表水排放了沉积物、营养素、毒素及病原体，这些活动是分散的，并可包括农业活动、修建草坪、采矿、施工，也包括大气中的污染物。

大胆的变革。事实上，这仅仅是美国历史上第二次尝试做出这样的转变。不论是 20 世纪 70 年代初的第一次，还是今天，海岸治理中发生的显著变化，都促使我们重新审视现行实践和所采取的新方法。

管理目标和进程

皮尤海洋委员会和美国海洋政策委员会都提出了管理海岸和海洋的国家目标。概括而言，皮尤海洋委员会的目标是"为今世后代创造健康、高效和富有弹性的海洋生态系统"（2002，ix）。美国海洋政策委员会同样也对未来做出了展望：彼时，沿海水域"是清洁、安全、繁荣和可持续管理的"，而海岸本身是可以"显著促进经济"的，是"吸引人们居住、工作和娱乐的地方"（2004，4）。这些表述为海岸地区设置了广泛的目标，但当然，怎样达成这些目标的细节中却隐藏了很多问题。

正如作者将在第 2 章中详细讨论的，政策过程是减少目前或预计情况与期望情况之间的冲突、缩小其间差距的一种系统化方式。

正如我们在前文中所述，当确定一个问题存在时，政策过程即已开始（Las- 10
swell，1971；Clark，2002；Birkland，2005）。接着，便是提出替代解决方案，挑选其中的优选方案并加以实施。最后，在一段时间的方案操作之后，评估实施结果。有效的评估①会引出新的问题界定②，然后重新开始新一轮的政策过程。

以上所概述的政策过程，可以在各种情况下加以操作。实际上，当我们回顾美国国内海岸管理的问题时，会发现三个不同的评估和行动框架。

（1）以部门为基础的管理③，这种管理方式将问题定义为由某种海岸用途所引起的危害，并寻求通过法规和许可证的方式来限制或更改这些单种用途。

（2）空间管理④，这种管理方式通过陆地/海洋用途的"分区制"⑤ 规划，寻求解决特定地理区域内的冲突。

---

① 评估：调查某一方案是否实施及其实施是否达到预期效果的过程。

② 问题界定：通过政府内外有关各方的活动把情况界定为公共问题的过程。

③ 以部门为基础的管理：实施法律规定的单独行动，解决诸如疏浚、废物处理、渔业或能源开发等单一问题，而不是通过整体响应为多个沿海问题提供全面解决办法。

④ 空间管理：主动在多个用户和活动之间分配海洋和陆地空间，以实现特定的社会目标。一般通过一个整体地图区域实施，区域内有许多已批准用途及相关活动的规定。

⑤ 分区制：一个区域内独立并且在地图上标记的部分，不同分区会有相异的政策适用。

（3）海岸生态系统治理[1]，这种管理方式通过多元管理手段，规范人类活动，使其符合自然系统的限度，促进可持续的自然系统和社会系统实现。

虽然生态系统治理[2]的方式更具重要性，但以部门为基础的管理方式和空间管理方式仍在起着作用。未来许多战略都将有效结合这三种管理方式。分辨这三种不同的管理方法，确定它们各自独特的属性，并考虑每种方法在海岸治理中的作用，这些构成了本书的核心。今后，管理海岸生态系统需要认识到自然系统所施加的限制，需要有效的公众参与，并需要一些方法来激励符合这些新现实的人类行为。此外，基于生态系统的管理[3]方式还将人类涵盖其中，其主要目标之一就是将可持续的人类经济纳入整个生态系统的承载力之内（Burroughs and Clark，1995）。皮尤海洋委员会和美国海洋政策委员会都极力推动生态系统管理成为一项重要的政策创新。

如上所述，以部门为基础的管理、空间管理和生态系统管理分别以独特的、不同的方式构建了海岸治理。有趣的是，对海岸问题性质的认知，随着时间的流逝发生了改变。以部门为基础的管理，将问题界定为使单个海岸用途的成效最大化。而在空间管理阶段，主要重点在于认识到不同海岸用途之间是相互依存的关系，即在海岸环境系统中发生了重叠。生态系统管理则认识到，人类活动最终将受到自然系统承载力的限制。

11 因此，海岸环境联结了不同的海岸用途，并对其施加限制。当通过具体政策来有效执行生态系统管理时，将很有可能缩小我们所拥有的海岸和我们所期望的海岸之间的差距。

本书架构

在以下章节中，作者研究了以部门为基础的管理、空间管理和生态系统管理方式，并探究了这三种方式在以下两方面所取得的成效：冲突管理；将人类活动限制在可持续发展的自然系统范围内。但首先，作者在第 2 章中描述了政

---

① 海岸生态系统治理：认识到横跨海陆的自然（如生物、化学、地理、物理）系统与社会系统的相互关系，通过政府（立法）和非政府（市场、志愿者组织、社会理念、信息咨询）等手段来规范人们的行为，使整个陆海系统实现可持续发展。

② 生态系统治理：认识到自然（生物、化学、地理、物理）系统与相关系统的相互关系，利用行政（立法）或非行政（市场、志愿者组织、社会理念、信息）手段来规范人类行为，从而实现可持续发展。

③ 基于生态系统的管理：将社会行为纳入海洋与海岸系统中的安排，在可持续利用产品及服务的同时，人类能维持生态系统的健康与平衡。

策过程和政策分析，将其作为一种理解并最终建立有效治理体系的手段。前两个章节共同界定了许多海岸问题，以及制定新政策方案的系统化方法。

接下来，本书在第 3 章至第 5 章关注了以部门为基础的管理决策。早期解决海岸和海洋问题仅仅关注单个海岸用途或单个部门。管理者认为他们的任务是解决一系列与各部门相关的单独决策。例如，疏浚受到颁发海洋倾废区和个人清理作业许可证的管理。污水排放（第 3 章）、石油开发（第 4 章）、疏浚（第 5 章）和湿地问题（第 6 章）分别由具体行为的许可证来管理。

然而，由于部门数量在增加，部门之间的冲突也随之增加。空间管理则认识到，各项以部门为基础的方案不可避免地在海岸地区存在冲突。空间规划和空间管理则关注多个部门，并在政治上界定的地理单元内创造协调管理的可能。环境联结了各种海岸用途，这一认识改变了行动的背景。但是，空间管理并不必然将环境价值凌驾于其他之上，而且空间管理通常无法为自然系统规定特别的照顾。海岸问题不仅跨部门，而且跨区域，甚至是跨越陆海边界。第 7 章和第 8 章展示了陆上活动可显著影响沿海水域。例如，农场废弃物会污染流向海洋的河流，从而降低沿海水质、损害渔业。对这些关联本质的理解，给我们带来了一种海岸管理的新方式，这种方式划定了自然系统范围的边界，界定了环境承载人类活动的界限。许多人把这种新方式称作以生态系统为基础的管理。

皮尤海洋委员会和美国海洋政策委员会将这一概念提上了国家行动议程。
基于生态系统的管理提案比比皆是，但如何有效地执行往往难倒了管理者。在 12
流域和海湾（第 9 章）以及渔业（第 10 章）方面越来越多地采取生态系统管理方式，表明我们所面临的机遇和挑战。

在第 11 章的结论中，我们回顾了这三种管理方式的特点和适宜性，它们各有千秋，每种管理方式都值得在方案设计时予以考虑。若要将生态系统管理从概念付诸到实践，需要兼用这些观点来解决当今的海岸问题。

通过我们所制定的目标和我们所选择的治理体系，我们的海岸将变成我们选择将其改造成的样子。本书介绍了海岸治理方案，以及评估这些方案的方式，使诸位读者能够胜任、参与决定我们海岸的未来。

13

第 2 章　政策过程

当我们寻求在靠近海岸的地方工作、娱乐和生活时，海水质量却在持续下降，重要生境在丧失，海岸环境也变得越来越不健康。我们珍视海岸，却同时在降低其品质，这一趋势揭示出，社会并没有充分规划好未来。简言之，很奇怪，人类活动与自然系统的要求以及许多的人类价值观并不匹配。这种情况带来了两个重要问题：人们可以共同决定为海岸地区创建一个不一样的未来吗？如果是的话，人们该怎么做呢？

幸运的是，美国有很长的政策制定（policy development）史，处理了包括贫穷、药物滥用、教育和医疗等众多问题。针对每种问题，政策目标都不断改变着人类的行为，使人类行为与社会广泛共享的目标更加匹配。在过去的半个世纪里，由于公众对环境恶化的关注在持续增长，海岸已经成为政策制定的重点。了解这些政策是如何制定的，对改变当前海岸发展的轨迹很有必要。

理想化的政策过程可以被看作是由一系列阶段组成的（图 2.1）：界定问题、提出解决方案、选择一种应对方案、执行方案，以及最后的方案效果评估（Lasswell，1971；Brewer and deLeon，1983；Jones，1984；Clark，2002；Weimer and Vining，1992；Birkland，2005）。方案效果评估①可以厘清尚未解决的问题，它们可以形成新的问题界定②，并再次重复这一政策过程。将政策过程看作是由一系列阶段所组成的，并不意味着每项政策都体现出了所有的阶段，或这个框架概括了政策制定和颁布的所有细节和变数。的确，还存在很多其他理解公共政策的框架。但是，通过考量每一阶段的相关问题，我们可以洞察当代海岸问题，发现很多在起作用的因素，并通常会找到解决方案。

由于政策制定的阶段框架是在一般层面上进行操作的，所以在参与创建政策的人员及其所选择的方法等方面，很容易体现当代发生的一些变化。例如，当利益相关者③更有利于政策制定时，政府官员可退居次要地位。或者，在执行

---

① 评估：调查某一方案是否实施及其实施是否达到预期效果的过程。

② 问题界定：通过政府内外有关各方的活动把情况界定为公共问题的过程。

③ 利益相关者：可能受到管理行动影响的社会中的个人、社区或其他群体。

过程中，命令与管理规范的重要性会减弱，而市场[①]的利用则会增强。

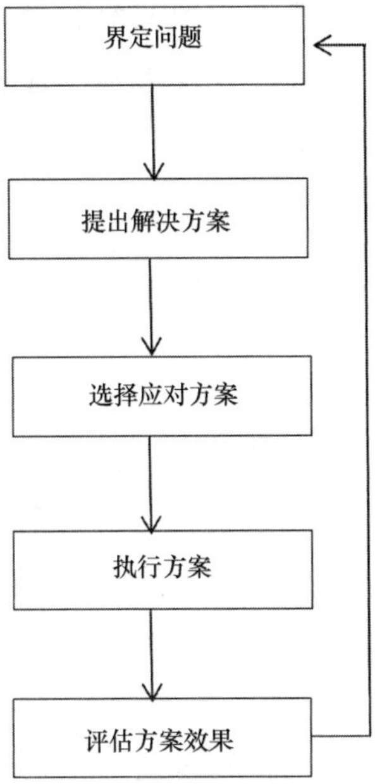

图 2.1　政策过程[②] 14

20 世纪 70 年代，是由政府主导海岸和海洋政策的制定和实施，其中一个例子就是有关水质的强制性规定。政府设置了一些标准，规定可以排放何种污染物，同时又创建了许可证制度，以确保标准的实现。如今，政府官员之外的人员经常参与到保护方案中。例如，环保组织会提供卡片，指导海鲜消费者购买
物种数量丰富的海鲜品种，如果消费者自愿停止购买属于濒危物种的鱼类，那 15
么有关该类渔业的政府规章就会变得不那么重要了。

为了改变人类行为，我们需要评估问题和机遇，达成协议并建立机制[③]，最重要的是，通过规则和制裁，鼓励与资源和环境利用有关的可接受的行为（Juda，1999）。在过去，是由政府机构履行大部分职责，而如今，几乎每项提出来讨论的新政策建议，都积极考虑在政府之外完成这些职能的潜力。海岸治理不仅仅是政府独有的权限，超越政府权限范围运行的海岸政策工具，都属于治

① 市场：任何允许买卖双方交换商品、服务或信息的结构。

② 分析人员通过将海岸政策理解为阶段序列，可以评估是否存有相关资料，确定影响各阶段的关键因素，并考虑备选的解决方案。

③ 机制：在多个管辖层面，通过文化及惯例传递的知识、价值观、监管体系，为社会行为提供稳定及价值。

理的范畴（Juda，1999；Juda and Hennessey，2001）。治理包括构建资源利用、问题分析、可接受行为和制裁的法律规范和道德观念。志愿者组织[1]、自由市场和教育，体现了政府之外的一部分替代管理措施（Howlett and Ramesh，1995）。越来越多地使用不同的治理方法，给未来方案的改进带来了希望。

问　题

正如我们在第1章所述，海岸有一系列大大小小的问题。其中一些问题涉及各种形式的污染：石油泄漏、死亡区[2]、入侵物种、土地流失和管道排放；另外一些问题在本质上是区域性或全球性问题：气候变化、海平面上升和人口增长；还有一些与资源利用有关的问题：水产养殖[3]、海岸开发和过度捕捞；最后，政府架构也存在不足：相互冲突的机构指令，以及无能力进行区域规划和管理。

这些问题虽然都值得关注，但往往并未得到广泛的公众注意，而且人们也没有采取任何行动。因此，不再支持自然功能和人类期望的海岸环境，会持续处于退化的状况[4]。然而，当众多组织有序的人都发现了问题所在，且有明显的解决方案时，则会产生变化。

无论是代表广泛公众利益的团体，还是代表特殊经济利益的团体，在决定重视哪些问题，以及如何看待这些问题时，都发挥了巨大的作用。私有利益团体会获得特定行业的资助和支持，所以他们都力图满足这些特定行业的需求，因此私有利益团体往往侧重于经济发展的特定方面。在海岸地区有特殊经济目
16 标的利益团体包括：美国港务局协会（American Association of Port Authorities）、美国石油协会（American Petroleum Institute）、全国房地产经纪人协会（National Association of Realtors）、全国制造商协会（National Association of Manufacturers）、国家海洋工业协会（National Ocean Industry Association）和疏浚承包商商会（Dredging Contractors of America），等等。

建立公共利益团体是为了表达公众对海岸和海洋的广泛需求。这些团体可能会关注使用海岸的权利、水质的提升，或特殊生物资源的保护。美国自然资

---

① 志愿者组织：为实现一个目标，个人选择组合成团体的集合，例如非政府组织。

② 死亡区：海洋中低氧或无氧的区域。

③ 水产养殖：在各种水域（如玻璃缸、池塘、河水、湖泊、海洋）培育、养殖、收获动植物的一种产业形式。

④ 状况：指因缺乏可行的技术、政策方案，面对差强人意的环境问题束手无策的情形。

源保护委员会（The Natural Resources Defense Council）、大自然保护协会（The Nature Conservancy）、海网（Sea Web）、塞拉俱乐部（Sierra Club）和公共土地信托基金会（Trust for Public Land）等都关注环境和海岸的公共利用。

某一特定问题是否获得重视，以及如何解决这一问题，很大程度上取决于相关倡导组织的实效性，以及拟议解决方案的政治和经济可行性。毋庸置疑，利益团体将界定问题，以使解决方案满足他们的特殊需求。与政府官员及其他社会领导人具有有效沟通渠道的大型善辩团体，最有可能极富影响力。同样，易驾驭的解决方案在行动时更易获得政治支持。另一方面，如果一个问题并没有被很好地定义，且只有有限的公众群体了解其重要性，或缺少有意义的解决方案，那么政府就不会采取行动。

解决方案

一旦确定好一个海岸问题，众多机构、利益团体和各级政府都会提出解决方案。政府可以采取许多不同方法，总结如表 2.1 所示（Bardach，2009）。例如，为帮助恢复产量正在下降的渔业，政府可以调控总渔获量，使捕获量不超过可持续捕捞的水平。解决方案的设计过程中，有一部分内容就是由渔业科学家提供有关某种渔业可支撑的总渔获量信息。

表 2.1　政策连续体 17

强制型 政府介入程度高	混合型	自愿型 政府介入程度低
规则 国有企业 直接提供服务	信息、规劝、教育、协商 补贴和津贴	家庭和社区 志愿者组织 自由市场
官僚及政治改革	产权变更	
部门预算	税收和使用费 服务	
	融资和签订合同	

各利益团体也会基于自身收集的信息及其特定目标，提出解决方案。企业、环保组织及其他与这些问题利害攸关的机构，都聘请了自然科学家作为其专家

团队。例如，环保组织经常聘请科学家为相关问题提供咨询，如废弃物排放或石油泄漏对环境的影响。利益团体会利用科学信息来确认其准备支持的解决方案。

如表2.1所示，政府介入公共政策问题解决方案的程度有所不同。通常，在政府有明确规定，或要求个人/团体获得许可证，或详细监督某一项活动时，我们会认为政府的介入程度比较高。高程度的政府介入，其表现形式还有政府建立其自有实体以提供服务，如污水处理厂。在第二类情况中，政府的介入和其他非政府手段结合起来，共同改变人类行为。补贴和津贴可以鼓励某些活动，而税费则会阻碍某些活动。另外，教育、信息、服务或签订合同可能逐步推动行为向某一新方向发展。个人或公众是否享有某物，可以通过产权变更进行改变，这种方式可以产生显著影响。第三类情况是通过创建自由市场寻求自愿改变，自由市场的经济过程将行为导向希望的方向。另外，家庭、社区或志愿者组织也可以规定其认为对海岸有利的行为。熟知所有这些政策工具，以及在哪种情况下这些政策工具会有效运作或效果不佳，是制定有效政策以解决海岸问题的先决条件。

强大的解决方案不仅技术上可行，而且会考虑到实际情况，以促进解决方案的最终实现。最需要考虑的因素是合法性和政治可接受度（Bardach，2009）。所有的解决方案必须与现行法律相一致，而且需要吸引足够的政治支持，且遭
18 到的反对有限。例如，在讨论解决切萨皮克湾（Chesapeake Bay）环境和经济问题时，通常认为关键部分是恢复牡蛎种群数量。首先，这个解决方案在技术上具有可行性。牡蛎是滤食性动物（filter feeders），曾是一种重要的水产业。牡蛎种群数量的恢复[1]意味着更多的过滤、更清洁的水、更多的海草，以及更多的海鲜捕捞量。其次，牡蛎种群数量的增长符合渔业法和水污染防治法。最后，这一解决方案获得了渔民、水质机构间或农民的政治支持。不需要新的污水处理手段，也不需要耕作方式的重大改变，却可以改善水质，这一解决方案已经吸引了除渔民和环保者之外的拥护者。

方案选择

许多人认为，当政府为一项新的住宅开发选址、决定工厂排放水平，或制

① 恢复：假设对生态造成的损害可逆。在此前提下，指人类复活已退化生态环境的活动。

订一项渔业计划时，政府会系统地考虑所有可能性，并选择一项最符合社会集体需求的方案。这是方案选择过程中的一种理想操作方式，但也有其他关于决策者如何行事的诠释。其中有三类得到了特别关注：理性和全面的方式；支持有限评估的方式，且此种评估通常会产生一些小的改变；承认存在与问题偶然匹配的解决方案的方式。

为了强调理解决策过程的重要性，拉斯韦尔（Lasswell）（1971）区分了两个概念：政策背景知识和政策过程方面的知识。对海岸而言，政策背景知识包括实现决策所必需的物理的、社会的、生物的或文化的信息，这些是有关自然和社会进程的实体性知识，对政策成功与否很有必要。相反，决策过程方面的知识包括政策是如何制定并执行的。由于海岸决策过程的架构与实体性知识一样重要，或比之更为重要，所以决策者如何选择解决方案，这一运作方式值得详细考量。如下文所述，政策过程方面的知识表明，存在明显不同的各种方案选择方式。

第一种方法即理性、全面的决策过程，这种方法是假设问题已经明确界定，并已制定出政策目标（Birkland，2005）。在这种情况下，只需要选择评估标准，将其应用到政策方案的选择中，并推荐最符合目标的解决方案（Weimer and Vining，1992；Bardach，2009）。例如，新水电大坝的建设就可以用来阐明这种方 19
式。修建大坝可以提供灌溉用水和电力，但代价是牺牲了溯河洄游鱼类。在这个简化的例子中，人们会考虑鲑鱼种群数量和可再生电力供应等标准，然后选择解决方案。通过预测各种备选方案的效果、比较各种具体标准，就能辨别出最有希望的那项政策方案，并做出选择。

然而，通常选择过程本身并非如此清楚明了，这就导致要用第二种方法来阐释决策者如何行事。事实上，认真研究过实际决策过程的研究者发现，实际行动很少与上述理性的理想方法相一致（Lindblom，1959；March and Simon，1958）。首先，政策目标可能并不清晰，且目标之间可能相互冲突，这对于海岸资源而言是常见之事。在刚刚提到的例子中，通过不同的法律和机构，必须实事求是地承认，整个社会还是希望渔业资源和可再生能源可以兼得。其次，信息也可能并不容易获得，或者信息量太过庞杂，以致缺少有效使用信息的方式。目标和信息的复杂性使得许多人开始考虑使用一种渐进决策[①]或有限的方法，后

① 渐进决策：小步骤推进政策修正的决策模式，其允许决策者在具体实践中总结出成功及失败的经验，进而对决策不断修正。

者被称为有限理性[①]。马尔智和西蒙（March and Simon, 1958）发现，各机构必须简化复杂的决策，使之易于操作。他们认为，机构依照一个给定的标准，寻求只是令人满意但并不是最佳的结果，从而建立理性的边界；各机构是通过在熟悉情况下这一限定范围内行事，从而做到这一点。在这种背景下，行动具有目标导向和适应性。此外，在采取下一个步骤之前，需要详细审查前一步骤的相对有效性，做出微小改变，通过这一系列的变化，来一步步执行解决方案（Lindblom, 1959）。这种观念是，如果一个人不具备所有的必要信息，但必须有所行动，那么首选的是一些小的行动而不是大的行动。如果初步的解决方案被证明是不充分的，这种“渐进”方式可以通过限制决策者的责任，来应对信息不足和目标缺失的情况。这一概念类似于霍林（Holling）（1978）介绍的适应性管理[②]，该种管理方式强调信息经常是不充分的，因此可以将每种政策干预视为一种实验。

还有第三种描述决策过程的方式。在这种方式中，理性或增量的含量非常少，没有明确规定首选标准，不清楚技术方案，各参与者的介入和工作也不确定（Cohen et al., 1972）。这种方式想象参与者将问题和解决方案统统纳入一个垃圾桶决策过程[③]，在一个问题和一个解决方案匹配完成后，将两者同时移出。
20 这种方式通常不会完全列出政策目标或问题原因。当组织必须采取行动时，决策者会在垃圾桶中选择已相互匹配好的问题、解决方案、参与者和选择机会。可以设想，当发生如赤潮[④]或漏油等情况时，这种需要立即解决问题的高压，会迫使决策者匆忙选择一项现有的技术方案。

在针对海岸的行动中，重要进程的选择几乎都包括为决策制定所创建的新步骤。这些结构性决策决定了今后依据哪些步骤来制定决策（Lasswell, 1971; Clark, 2002）。结构性决策是根本改变海岸政策和管理的基础。例如，2005 年的《能源政策法案》（Energy Policy Act of 2005）赋予美国内政部领导建立和实施一项新制度的义务，该制度是为相关决策的制定来服务的，即关于风力涡轮机发

① 有限理性：限于人力、时间、信息等因素，在尽量简化可能的选择方案前提下，理性地根据目标采取行动。

② 适应性管理：一种在没有获得完整信息之前而采取行动的决策方式。因此，随着新信息的获得，原始方案必须调整，以适应新的要求。这种决策办法在实验中最为常见。

③ 垃圾桶决策过程：该决策过程使用选项中的一个理论“垃圾桶”。此桶往往把解决问题的方案及其相反的方案都纳入其中。放入同一个理论上的“垃圾桶”，参与者都更倾向于通过自己的偏好来提出问题与解决方案，企图达到两者的统一。

④ 赤潮：指一种或多种浮藻生物迅速增加而引起水体污染并自然产生生物毒素，其中一些生物毒素会影响人类及其他野生动物的神经系统功能。

电中联邦水域利用的决策。更宽泛地说，海岸环境的管理如果完全转向基于生态系统的管理方式，将会从根本上重组决策过程，本书后文将对此进行讨论。

海岸的结构性变化需要结合多数个体的支持和技术支撑。前者依赖于尽可能广泛的社会个体参与，这些大多数个体是民主治理和有效流程的核心。后者承认海岸问题往往围绕着科技和技术知识。在这一背景下，选择有关合法政策，有赖于相应的技术观点和行政裁量权，而这掌握在极少数的个体手中。

首先，让我们来考虑在需要广泛参与的情况下，海岸政策的选择。我们已经使用了什么样的机制？各种海洋委员会都涉及众多且负有为国家提出大体政策方向的责任。20 世纪 60 年代期间，联邦政府海洋和海岸项目之间缺乏协调的问题开始凸显出来。于是，法律授权成立了美国海洋科学、工程和资源委员会（U. S. Commission on Marine Science, Engineering, and Resources）［斯特拉顿委员会（Stratton Commission），1969］，其涉及各种利益相关者，并成为国家讨论选择重建海岸和海洋联邦治理体制的基础。该委员会建议设立一个专注于海洋事务的新机构，而作为回应，时任总统批准建立了国家海洋和大气管理局（National Oceanic and Atmospheric Administration, NOAA）；斯特拉顿委员会还为《海岸带管理法》（Coastal Zone Management Act）的出台奠定了基础。最近，皮尤海洋委员会（2003）和美国海洋政策委员会（2004）重新完成了一项全国性 21
评估，并提出了新一轮解决方案，其中一些方案将在本书做进一步考察。

委员会的报告会影响到国会活动，而国会审议是多数政策选择过程的一个额外步骤。众议院和参议院的各小组委员会会分别关注某个项目，并各自提供报告给整个国会委员会，再最终提至国会。听证会允许相关利益机构和行政部门之间相互讨论，使问题得到更充分的探讨。经由听证会和立法起草过程，国会委员会的合作与让步提供了一个公开讨论的平台，使价值标准逐渐变得明显，并产生潜在解决方案。

通常，行政部门会参与创设法案①，在海岸政策方面，还会与总统工作团队和美国国家环境保护局、海军、美国国家海洋和大气管理局、内政部及其他机构的工作人员一起制定解决方案。这些行政部门的调查结果会通过听证会呈至国会。国会将所有这些其他参与者都汇集在一个立法程序中，以法案的形式产生具体结果，供总统考量。总统是否批准法案很关键，因为这不仅是法案成为法律的必经过程，而且通常都是由行政部门的人员来执行这些解决方案。"埃克

① 法案：尚未获得众议院、参议院以及总统批准成为正式法律的立法提案。

森·瓦尔迪兹号”（Exxon Valdez）油轮漏油事故后所采取的措施就是一个很好的例证，阐释了依照国会听证会、立法和总统批准流程的新政策选择过程（专栏 2.1）。

有效的关于石油泄漏的立法，需要经过充分论证的技术论据，这是决策选择过程中的第二因素。为确认最有可能获得成功的海岸政策，政府如何获得有关科学信息？通常，联邦政府依赖于美国国家科学院（National Academy of Sciences，NAS）的国家研究委员会（National Research Council，NRC）就科学问题提供专业建议。大约在美国内战时期，由国会建立了国家科学院，其负责达成与联邦政府运作有关的科学共识。近年来，国家研究委员会已经就以下问题做过报告：沿海土地资源向海洋的流失，生态系统和渔业之间的关系，调查游钓船的方法，溢油分散剂[1]（oil dispersants）与环境的关系，以及大西洋鲑鱼、北海狮及其他海洋生物的危机，并基于这些报告来评估保护手段。此外，在相关问题上有特殊利益的其他团体，也会向政府提供海岸技术信息。例如，亨兹中心（Heinz Center）已编制了关于限制海岸灾害最佳做法的报告，以及提升海岸
22 管理学习的报告。

专栏 2.1　石油污染：改变规则

1989 年 3 月 24 日，超级油轮“埃克森·瓦尔迪兹号”在阿拉斯加威廉王子湾（Prince William Sound）触礁，泄漏了超过 1 000 万加仑的原油，其对渔业、海滩、野生动物和生态系统的破坏引发了一场重大的环境危机。国家开始警觉到需要改善石油运输的监督手段，以减少船舶或其他来源的溢油可能。诸如此类引起媒体报道和公众关注的突发有害事件，被称为焦点事件[2]。有趣的是，这次事件拉近了曾经站在对立面的渔业和环保团体的关系，他们都要求政策做出改变。

政府对油轮行业的监督不力让公众感到失望，这促使国会召开听证会，以更好地了解情况，并发现是哪些不足之处导致了溢油事故。溢油事故相关利益团体包括科尔多瓦地区（Cordova District）渔民团体、美国石油协会、美国环保协会（Environmental Defense Fund）、美国船级社（American Bureau of Shipping）、

---

① 分散剂：喷在石油上面，这些化学物将使其分散成小滴状。

② 焦点事件：引起公众关注恶化现况的突发事件。焦点事件亦能作为多人认同的有力象征，或者是影响政策制定的个人经验。

荒野保护协会（Wilderness Society）、美国水路运营商（American Waterway Operators）等。国会委员会通过召开听证会，非常快速连续地完成了溢油事故的诊断，并审议了各种潜在解决方案。国会听证会就是一个供各利益团体提出解决方案的讨论平台，其促使了 1990 年《石油污染法》（Oil Pollution Act of 1990）的出台。在国会听证会上，国会选择了防止石油泄漏的具体解决方案，并得到了总统批准，以便在出现溢油事故时做出应对，补偿因为石油泄漏而遭受损害的个人/团体。除其他特征外，该法还规定油轮必须采取双壳船体的新技术；要求托运人接受较高的损害赔偿责任；要求行业在政府无法从应当对溢油事故负责的企业身上获取赔偿时，建立信托基金。此外，行政相对人也可以提出财产损害索赔，包括利润、生计和收益能力等损失的索赔。政府机构，亦即联邦政府的受托人，会进行损害评估、提出索赔，并利用最终清偿赔款来恢复受损资源。

1990 年的《石油污染法》还适用于各州和联邦水域内海上设施的溢油事故。该法在内政部设立了一个管理局，负责防止和应对海上溢油。2010 年 4 月 20 日，英国石油公司的“深水地平线”钻井平台在海上进行钻探作业时发生了溢油事故，该事故应适用《石油污染法》，所以英国石油公司需负赔偿责任。

1990 年《石油污染法》的实施，需要政府规章来详细说明政府机构需要如 23
何行事。美国海岸警卫队和美国国家环境保护局已经建立或增强了以下方面的能力：确认船舶有适当的设计、建造和人员配备；做出避免石油泄漏和加以应对的规划；接收泄漏报告；根据需要，派遣溢油清理专家团队；评估溢油所造成的经济损失。该法要求在威廉王子湾准备好溢油应急设备、护航拖轮、船舶跟踪设备及其他设备，以避免将来发生意外事件。

尽管来自民营部门的不同技术专家和支持者都提出了针对各类海岸问题的潜在解决方案，但特定政策的选择权仍属于政府官员，主要是立法者、行政人员、管理人员和法官。

这些政府官员必须对不同团体提供的大量信息进行分类梳理，而这些团体通常会拥护服务于其特殊利益的科学和政策。各利益团体①对需要注意何种问题、应采用何种解决方案必然持有不同观点。油轮公司会希望采取价格低廉的船舶技术和操作要求，而环保团体则迫切要求更严格的规定，以防止溢油。

① 利益团体：由一群有相似价值观的人或组织联合起来的团体，旨在推动符合他们期望的政策出台。

在选择问题的解决方案时，联邦和各州政府行政部门的管理人员发挥了举足轻重的作用。然而，由于法律经常会适当省略技术细节，所以，在决定哪项技术手段最合适时，高级政府官员有很大的裁量权。例如，为达到使水域适合游泳的立法目标，在选择行动时，政府官员必须确定水中污染物的最大安全值，然后找出减少污染的技术手段，以达到安全水平。政府官员有在不同技术方案中做出选择的裁量权。为保护水质，美国国家环境保护局负责人会设定污水排放标准。同样，为恢复渔业，美国国家海洋和大气管理局负责人会选择渔业管理计划①。在上述每种情况中，都会出台重要的新海岸政策。

24

执行方案

执行方案就是采取的一系列减少或消除问题的行动，这涉及政府机构、官员、预算、行政决定等。每个海岸项目几乎都包括多级政府。如果指令清楚，且项目的管辖权明确，结构成熟，那么高级官员和利益相关者的责任承担将更有可能导致方案的成功实施（Mazmanian and Sabatier，1989）。比较容易处理的问题具有以下特征：较少的技术不确定性、小范围的目标群体，以及可控的行为变化。如果技术本身是简单直接的，社会经济条件也可以支持预期的行为变化，那么成功的可能性会更大。

然而，方案在执行的过程中却可能产生争议，甚至诉讼。参与界定问题性质和选择解决方案的利益团体，也期望可以影响到方案的执行。本质上，方案的执行变成了特殊利益团体之间的相互作用，这些特殊利益团体通常有迥然不同的目标，甚至可能并不符合最初的政策指令（Bardach，1977）。一项方案的基础通常是法律，可以通过规则、规划和指令来解释。当人类行为必须做出很大的改变，或这一改变代价高昂时，当事方会寻求法院帮助其阐明某部法律的意图，并确保相关法规都遵循此意图。政策过程的早期阶段潜藏着许多尚未解决的问题，推动了此类讨论的开展。

传统的政府方案是由为此目的而成立的行政组织来执行的（Anderson，1979；Brewer and deLeon，1983；Jones，1984），其负责贯彻落实各项规则，这些规则详细规定了社会中的各种相关关系。为推动有效方案的执行，作为一种激励措施，目前的联邦预算分配系统可以为成功的政府方案增加资金。来自组织

① 渔业管理计划：由渔业管理委员会设立的计划。综合考虑每种鱼的生态、社会、经济及人为因素，为每种鱼设立标准与指南，以实现可持续管理。

有序的利益团体的支持会有所益处，因为管理人员会考虑方案内在的力量。表 2. 2汇总的每个海岸问题都已通过法律手段得到处理，每部法律都依其主要目标分别执行。

有许多行政部门和独立机构来管理海岸和海洋活动（表 2. 3）。此外，方案执行的参与者不仅包括主要负责行政机关中的政府官员，还包括议员、法官、公民个人、企业和利益团体。

表 2. 2　主要海岸问题 25

问题	法律	目标
水质	《净水法案》（Clean Water Act）①	恢复和维护国家水域的完整性
污水	《净水法案》	保护人类健康和环境
疏浚	《净水法案》/《水资源开发法》②（Water Resources Development Act）	符合环境标准的疏浚物处理的成本分担
海岸湿地	《净水法案》	沿海湿地的零净损③
油气资源/风能	《外大陆架土地法》（Outer Continental Shelf Lands Act）	以与自然和社会系统相兼容的方式获取能源
溢油	《石油污染法》	约束责任方④对溢油事故负责
海岸开发	《海岸带管理法》	通过规划进程和分区制⑤来保护和开发海岸
自然灾害和环境保护	《岸堤资源法》（Coastal Barrier Resources Act）、《洪水灾害预防法》（Flood Disaster Protection Act）	减少鼓励开发岸堤的联邦补贴
渔业	《渔业资源保护管理法》（Fishery Conservation and Management Act）	保持产量、保护生境
流域⑥	《净水法案》《海岸带管理法》	管理会影响沿海水域的土地用途

① 《净水法案》：即 1972 年美国颁布的《联邦水污染法案修正案》。该法禁止向水体中排放污染物，目的是为了维护水域的化学、物理以及生态完整，确保水质安全，以便保护鱼类、贝类、野生动物的生存环境以及人类的水上娱乐活动。

② 《水资源开发法》：该法授权美国陆军工程兵团，在国会的批准下，从事用于防洪、航行或环境目的的联邦建设项目。

③ 湿地零静损：为了防止湿地未来损失而制定的一项政策。如果某一项目会破坏或降低湿地的（未来）生态价值，则通过要求创建可替代湿地来解决。

④ 责任方：对石油或有害物质泄漏事故负有责任义务的个人、公司或政府机构。

⑤ 分区制：一个区域内独立并且在地图上标记的部分，不同分区会有相异的政策适用。

⑥ 流域：由排水线与其他区域分割开来的地理区域。同一流域内的水、沉积物和溶解物将汇合至公共出口，如溪水、河流、湖泊或海洋。

方案评估

有关海岸政策或方案的最基本问题，亦即促使本书成型的问题是：这些海岸政策和方案起到作用了吗？方案评估会为此提供一些答案。为了解一项方案所产生的影响，系统性审查通常关注方案效果[①]，或实施方案之后，有关情况发生了怎样的变化（Hatry et al.，1981）。最有效的评估是采用系统性方法（Jones，1984；Brewer and deLeon，1983）。首先，很重要的是，有一项界定明确的总目标作为分析基础。显然，如果一项方案的目标不明确或不切实际，则很难判断该方案的实施结果是否符合其目标。方案评估的核心是，衡量可合理归因于该方案的改变，并指出发生这种改变的原因。

26 **表 2.3　联邦海岸和海洋部门/机构**

部门/机构	职责示例
农业部（Department of Agriculture）	农场施肥实践，人工饲养鱼的增长
商务部（Department of Commerce）	渔业和海洋保护区（marine sanctuaries）管理
国防部（Department of Defense）	国家安全和航道开发
能源部（Department of Energy）	新能源系统的建立
卫生与公共服务部（Department of Health and Human Services）	海产品食品安全
国土安全部（Department of Homeland Security）	飓风应对和海事执法
内政部（Department of the Interior）	能源开发、国家海岸和野生动物区
司法部（Department of Justice）	环境和自然资源问题诉讼
劳工部（Department of Labor）	工人安全
国务院（Department of State）	国际海洋管理和法律
交通部（Department of Transportation）	美国航运业
国家环境保护局（Department of Transportation Environmental Protection Agency）	水质管理
国家航空与航天局（National Aeronautics and Space Administration）	海洋遥感
美国国家科学基金会（National Science Foundation）	基础科学研究

① 效果：执行某一政策对海岸环境的影响。

评估者可以关注方案的效率①、有效性②和公平③。效率是通过单位成本等指标来判断的，而有效性的判断则取决于方案的总体效果。以沿海水污染为例，在高效率的方案中，清除污染物的单位成本较低，而有效的方案则是指清除了足够多的污染物，使水质达到期望的使用标准。公平性意味着公平分配全社会的成本和利益。同样以水污染为例，有人可能会主张，获益的人和付费的人应当获得同等的负担和利益。当方案出现不公平时，即将有毒物质放置在贫困社区，或期望部分社会群体过多地承担水净化的成本，而获益的却是另一部分群体时，就会出现环境正义的问题。

方案评估包括评估项目方案的结果（效果）及其过程（产出④）（Jones， 27
1984；Anderson，1979）。产出是指政府或某些机构所采取的行动，以造成想要的改变。法规、规划、政府组织的建立，以及许可证就是这方面的例子。项目方案设计的目的是影响某一体系，若在该体系中测量出变化，且这些变化可合理归因于该方案，则构成成果。因一个具体项目方案而改善的水质就是一项成功的成果。

为了解这些一般评估原则如何适用，让我们来考虑一个减少沙滩垃圾的虚拟项目方案。为了实现这一目标，沙滩管理人可以向公众提供关于垃圾如何危害生态系统的信息，这个信息项目所覆盖的个体数量就是衡量产出的一个标准。人们希望项目的成果是行为发生了改变，导致更少的垃圾被丢弃在沙滩上。假设沙滩使用者是垃圾的主要来源，那么每单位沙滩垃圾的减少就会构成有利的项目成果，公众信息项目或产出也会被视为是有效的。在这个例子中，产出和成果的成功，为将持续开展公共教育作为减少垃圾的一种手段提供了强有力的支持。

由于政府项目和民间项目影响了几乎所有的公民，花费了大量金钱，所以许多实体都参与了评估过程（Jones，1984；Anderson，1979）。国会定期邀请执行项目的机构在监督听证会上汇报结果，由国会下属机构政府问责局（Government Accountability Office）的工作人员完成评估，其中包括项目的详细说明。国会议员也会听从选民意见，尤其是如果项目的效果并不理想时。在某些情况下，项

---

① 效率：利用现有资源最大化生产产品和提供服务。通常所收集的信息足够全面，越容易产生最大效率。

② 有效性：关注原因—结果的目标达成，以及某一具体政策达到了预期的效果。

③ 公平：指在全社会公平分配经济活动收益的观点。

④ 产出：政府在政策过程中制定的法律、法规、规则、组织等。

目负责人的任命需要国会批准，这也提供了另外一个评估机会，并留出时间对需要做出的改变进行讨论。国会做出的这些评估汇集了对项目的各种意见，可能会影响其资金。此外，最初推动政府采取行动的利益团体也会完成项目结果分析。

如果可以真实地评估一个项目的不足之处，那么这种富有洞察力的评估会为项目改进提供渠道。安德森（Anderson，1979）指出了导致项目失败的多种原因。一些项目会由于早期阶段的错误而失败。项目方案设计失败可能会造成这一问题，互相冲突的各种目标之间没有得到充分调整，因而致力于其中一个目
28 标并不会产生成功的结果。方案评估还可以揭示出对形势不切实际的评价，以及解决方案的可能性。但方案评估可能会导致这样一个问题，即政府机制是否可以达到预期结果。一种选择是考虑非政府性的政策工具，如志愿项目（表2.1）。志愿性的工具包括由家庭社区、慈善机构和自由市场灌输的价值观（Howlett and Ramesh，1995），其重要性在最近几年有所增加。此外，方案评估可能会发现除原问题以外需要引起注意的新问题，或发现对如何解决问题存在错误理解。海岸治理与相关主题（如国土安全）竞相争夺国家关注。在实际操作中，由于实现项目的资源是有限的，管理部门不能发挥作用，或仅仅是因为解决方案的成本太高，这都可能导致项目的失败。当一个项目实施一段时间后，人们可能会发现，最初发现的那个问题已经发生了改变，所以，初始解决方案也必须做出改变。

通常，方案评估会找出缺失之处，因而需要针对评估做出应对。这些应对可能包括重新定义问题，然后重新经历政策过程的每个阶段（图2.1）。最简单的情况是，评估之后会维持原样，并不会有显著改变（Anderson，1979）。其次，也是最通常的情况，就是提出增量调整。例如，国会每隔五年会做一次评估，且在许多情况下，会修订与海岸相关的联邦法律。最后一种情况是，项目发生改变、问题重新定义或出现新问题，这都会引起海岸项目的实质性变化。例如，“埃克森·瓦尔迪兹号”油轮漏油事故引发了对油轮相关法律的评估，并最终改变了相关法律。

社会的整体意图与海岸环境情况之间的每一点不匹配，都标志着现存项目存在缺失之处，或需要一个新的项目。方案评估会指出余留问题的性质，并开启另一个政策过程的周期，如图2.1所示。最近，皮尤海洋委员会和美国海洋政策委员会已经采取了全面评估的方式，其改善海岸治理的建议将会在以下章节的讨论中呈现出来。

总　　结

不断增长的人口、互相冲突的海岸用途、变化的环境条件和持续推进的技
术，都不可避免地促使政府监督更多的海岸活动。本章节提出了一种全面的方
式，以了解海岸政策如何产生、海岸政策的构成、如何选择和执行政策方案， 29
以及最后如何评估方案。如我们所见，海岸管理的政策过程可以通过五个阶段
来审视：问题界定、提出方案、方案选择、方案执行和方案评估。

鉴于政策制定和颁布的性质在不断发展，在我们研究过当代海岸的挑战之后，我们期望如何去践行这些阶段呢？通过观察与热点话题有关的一个或几个政策阶段，我们可以提出很多问题：是谁在定义问题和选择解决方案中发挥作用？谁在执行项目方案？在任一阶段，这些参与者是怎样互相影响的？我们正试图应对什么样的海岸状况？有何备选方案来处理问题？我们可以采取何种政策工具来解决问题？在以下每一章节中，我们都思考了政策阶段框架及其引起的问题，以此来更详细地了解针对具体问题的政策是如何制定与执行的。对问题了解透彻的政策，才有希望弥补我们所拥有的海岸和我们期望的海岸之间的差距。

30 # 第 3 章　污水

正如我们已讨论的，人类利用沿岸陆地和水域的各种方式之间存在冲突，而海岸政策的目的就是解决这些冲突。直观上，最引人注目的冲突之一就是依赖沿海水域作为食物来源和人类垃圾倾废区之间的冲突。然而，人类从最早的聚居开始，便一直在同时做这两件事情。随着城市的发展，在沿海水域处理垃圾的情况越来越普遍，这一做法最终污染了海产食品，并造成严重的疾病。本章接下来的内容将聚焦这一根本性的冲突，以及解决这一冲突的科学、技术和法律。在本章节，我们会研究以部门为基础的管理是如何利用政策过程来处理这个问题的。

问题：污水和疾病

人类健康问题推动了公共政策的发展，纽约市下水道的安装，以及最后污水处理系统的发展就说明了这一现象。到 1664 年，纽约的 1 000 名居住者已经形成了一个习惯，在街道的露天排水沟倒夜壶，而排水沟通向曼哈顿岛两边的河流（Goldman，1997；Kurlansky，2006）。直到 19 世纪 30 年代，地下封闭系统才代替了露天排水沟，但这并未产生任何效果：未经处理的人类废弃物还是直接排放到了海水中。在当时，人们推测，流动的水会净化废弃物，而我们现在知道这个假设并不成立。

31 牡蛎养殖场附近经常有排放的废物，加上很多纽约人会消费大量牡蛎，所以在 1832 年，污染导致了数百人死于霍乱[①]（Kurlansky，2006）。霍乱是由细菌引起的传染性肠胃疾病，但当时并没有完全了解死亡成因。如果当时有供应充足的安全饮用水，就可以避免一些人的死亡。但严重依赖井水作为饮用水，限制了统一供应安全饮用水的能力。本质上，清除岛上人类和动物的废弃物或对其加以治理，并不能有效保护地下水。一种应对办法就是引入水源。

1842 年，克罗顿水渠（Croton Aqueduct）开始从纽约北部乡村地区向纽约

① 霍乱：由霍乱弧菌感染肠道而引起的逐渐加重的腹泻疾病。

输送水源，短短几年内，有近 200 英里①长的水管投入运转（Goldman，1997）。自此，纽约大部分地区都可获得清洁的饮用水。安全来源的清洁水，清除了城市发展的重要阻碍。

然而，此种做法却还存在隐患。虽然引入水源有助于缓解健康问题的一个方面，但水资源的增加使得问题复杂化。百余英里的下水道汇集了各种来源的污水，排放未经处理的人类、动物及其他来源的废弃物，牡蛎会受到污染。1854 年，纽约上流社会死于霍乱的事件使人们怀疑，疾病可能是由牡蛎引起的，而不是先前所设想的穷人的肮脏和习惯。直到 19 世纪 80 年代和 90 年代，“牡蛎恐慌”（oyster panic）才被认为是与受污染的食品有关。

这种认识的改变是从 1884 年开始的，当时罗伯特·科赫（Robert Koch）证明了霍乱弧菌（*Vibrio cholerae*）会导致霍乱（Kurlansky，2006）。一年之后，法国港口水域又发现了这种细菌，而那时，当地正在发生疫情。此外，水中和牡蛎中还发现了导致伤寒②的沙门氏菌（*Salmonella bacillus*）。这些事态发展明确将两大疾病与食用受污染的牡蛎联系起来。人类疾病，更不用说是污染物的气味，致使进一步改变人类废弃物处理方式的需求有待满足。按照上一章概述的政策过程，此处，已确立了一个特定问题，而现在，公众需要一个解决方案。

方案：污水处理

在这种情况下，解决方案相当简单：从下水道收集废弃物，并在排放之前
加以处理，同时阻止人们消费被污染水域的贝类。在其他一些城市，已使用了 32
无冲洗设施的户外厕所，而且在伦敦，垃圾处理已被移至更靠近海洋的区域。但最终，污水处理成为了人类废弃物处理的常用技术方法。

到 20 世纪初，纽约市已经建成了 3 座污水处理厂；到 1910 年，纽约市已经设计出 14 座污水处理厂系统，并全部在此后 20 世纪的几十年内完成建造（Bloomberg and Lloyd，2007）。较早的沿海城市都经历了如纽约一样的一系列事件。在每座城市，最后都会出现类似于图 3.1 所示的污水收集系统。久而久之，污水处理和消毒③步骤的加强，使得污水的排放对人类健康和环境造成的危害变得较低。

---

① 英里为非法定计量单位，1 英里≈1.609 千米。

② 伤寒：通常由伤寒沙门氏杆菌引起的细菌感染，症状表现为腹泻、全身疾病和皮疹。

③ 消毒：利用化学或物理手段杀死病原生物体。

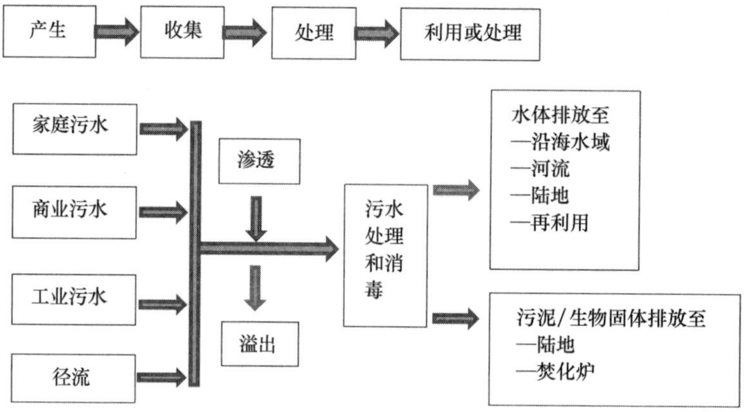

图 3.1　市政污水收集系统①

要了解该系统如何运作，我们将按照从污水源排放污水，到污水最终排放进海洋的流程来介绍（Laws，2000；Tchobanoglous and Schroeder，1987；Mueller and Anderson，1983）。家庭、企业和街道路面的管道，利用重力和水泵运输污水和地面径流。在沿海地区，需要特别考虑地表径流②（道路、停车场和屋顶的排水）。原先，在城市（如纽约）建立时，合流式下水道很容易在同一管道中沉积地面径流和人类废弃物。破裂的管道也可能使地下水进入到收集系统，这增加了污水处理的量。由于在最初铺设管道的时候，污水排放前并没有加以处理，所以对水量的唯一限制就是管道的尺寸。该系统的有效运作，能以低成本将废弃物移至远离人类的地方。增加污水处理的环节则改变了这一系统。只有当污水可以在污水处理厂的贮水池中保存一段时间时，污水才可以被净化。因此，污水处理厂的贮水池大小，影响了有多少水可以被净化。为了节省开支，建造的污水处理厂只能用来处理旱季时的污水，而暴雨时期，污水处理厂的贮水池则不能满足污水和路面的大量径流。如果污水的量太多，则有可能淹没污水处理厂，那么合流污水溢流③会向河口④排放未经处理的物质，致使海水和贝类被人类废弃物严重污染。许多美国城市目前仍存在这一问题。

在正常条件下，随着污水流入污水处理厂，物理、化学和生物过程会减少

① 在综合性下水道系统中，商业设施和工业设施排放的污水，以及家庭污水和街道排水会流经城市和许多郊区的地下管道。在处理和消毒过后，流出的水通常会被排放到河流或沿海水域。潮湿的天气里，污水设施的容量可能不够，因此未处理的物质会直接溢出并排放，除非建造特殊系统来加以控制。

② 地表径流：沿地表面而非渗入土壤，流向河流、湖泊、水库或海洋的水流。

③ 合流污水溢流：指在暴雨天，雨水混合居民污水超过了下水管道的排泄量，共同经由地面道路排放至河流与河口的现象。

④ 河口：通常为淡水汇入海洋的半封闭海岸区域。

病原体[①]，并会清除在河口破坏自然过程的物质。图 3.2 展示了一些常用的技术。首先，滤网会清除体积较大的物质，如进入下水道的路面垃圾。此外，沉 33
沙池会使沙子在池中迅速下沉，以此收集水中的沙子。然后，污水及其中的有

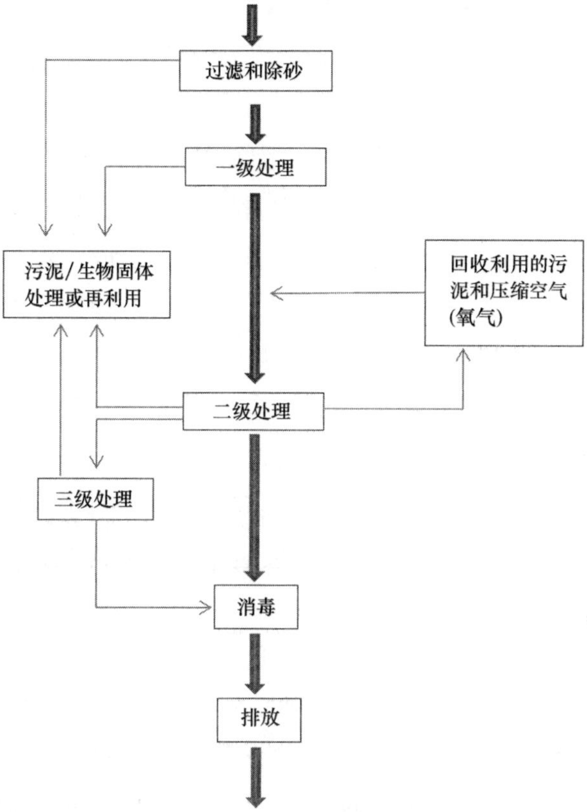

图 3.2　污水处理和消毒[②]

机颗粒物会流入初次沉淀池，经过一段时间，精细的有机颗粒物会在该沉淀池下沉。从沉淀池底部清除的这些颗粒物被称为污泥[③]。一级处理[④]结束时，水中已有 50%~60%的悬浮固体[⑤]（suspended solids）被清除（Mueller and Anderson，1983）。因为如果这些颗粒物被排放到沿海水域，会被细菌降解，从而消耗水中

① 病原体：寄生虫、细菌或其他致病的病毒。

② 在污水处理厂，利用物理、化学和生物过程，从污水中分离有机物（污泥或生物固体），并在排放前进行消毒。

③ 污泥：污水处理后残留的有机固体。

④ 一级处理：污水处理最简单的形式，只将废液中的固体污染物除去，将生物需氧量去除 30%左右。

⑤ 悬浮固体：悬浮在水体中的固体颗粒物。

的氧气，因此，成功的一级处理会减少沿海水域中一些缺氧①或低氧的问题。生化需氧量（BOD）② 是指在降解垃圾的过程中，氧气的消耗量，在一级处理后，生化需氧量减少了近35%（Mueller and Anderson，1983）。

34 下一道工序是二级处理③，几乎每个美国滨海污水处理厂都有这一道工序。二级处理通过为细菌创造条件，使其将有机颗粒物作为食物来源，从而分解一级处理后仍然存在于水中的有机颗粒物。为完成这一过程，二级处理的贮水池中加入了含有细菌的污泥，并注入空气，为细菌提供氧气。

35 在这些条件下，一级处理后留下的大量精细有机颗粒物会得到降解。在细菌得到生长后，微生物基团会在贮水池底部沉淀，形成污泥并清除，因此二次沉淀或二次净化会从水中分离微生物基团。在一级处理和二级处理之后，已经除去了水中85%~90%的悬浮固体和生化需氧量（Mueller and Anderson，1983）。大多数金属，如铜、镍、镉，都会附着于有机颗粒物。因此，以污泥的方式收集有机颗粒物，能减少污水中65%的金属含量。

排放到沿海水域的污水还有两个主要问题。第一个问题是水中的氮含量。将氮排放到海水中，通常会造成藻类的快速生长，三级处理④可以减少污水中80%~90%的氮含量（Mueller and Anderson，1983）。二级处理最常见的方式是通过生物脱氮⑤过程，从生物学上将水中的氮转化为气体，这一转化过程是依靠细菌来帮助完成的。因为大气的主要成分就是氮，所以氮气的释放是无害的。

第二个问题是要控制污水中的微生物含量，因为水中的某些微生物会导致人类疾病（Tchobanoglous and Schroeder，1987）。污水中存在细菌、真菌、藻类、原生动物、蠕虫、轮虫、甲壳纲动物和病毒。这些生物会导致伤寒和霍乱等疾病。其中伤寒会导致高烧、腹泻和小肠溃疡，而霍乱则会导致严重腹泻和脱水，并有较高的死亡率。此外，由病毒引起的肠胃炎⑥和传染性肝炎⑦，还会分别导致腹泻或黄疸，以及发热。

---

① 缺氧（缺氧的）：水体中氧气含量极低，通常其含量低于百万分之二。

② 生化需氧量（BOD）：微生物分解水中有机物需要消耗的溶解氧数量。生化需氧量越高，说明水体受到的污染越严重。

③ 二级处理：通过机械或化学添加氧，促进有机物质生物消耗的污水处理过程，可以去除高达85%的废物生物需氧量。

④ 三级处理：二级处理后的下一级污水处理程序，主要是将废水流中的硝酸盐和磷酸盐除去。

⑤ 生物脱氮：受温度的影响，未经处理的污染水域中的氨氮经细菌加工，转化成为硝酸盐氮并最终生成氮气的过程。

⑥ 肠胃炎：由沙门氏菌和志贺氏病菌引起的胃肠刺激和炎症的状况，可以从感染人群排泄的粪便中找到这些病菌。

⑦ 肝炎：由肝炎病毒引发的肝上发炎症状，可在病人排泄粪便中发现这种病毒。

为使危害最小化，或消除危害，关键是有选择性地消灭致病生物（National Research Council，1993）。通用的技术包括氯化①、臭氧化②和紫外线消毒③（EPA，1999a-c）。氯是使用最广泛的消毒剂，会氧化细胞物质，摧毁致病菌。由于污水中残留的氯对水生生物而言是有毒的，通常还会有额外的化学过程来去氯。此外，臭氧气体也可以用来氧化致病菌的细胞壁，破坏其核酸。这种方式不会在污水中添加有害的残留化学物质，同时还能有效消灭许多细菌和病毒。然而，由于价格昂贵，美国很少使用这种方式。还有一种替代方案是利用特别设计的灯具，将污水暴露在紫外线下。紫外线能穿透细胞壁，破坏微生物的遗 36
传物质，限制其繁殖能力。紫外线并不会产生残留物质。随着氯化消毒方式的淘汰，紫外线消毒在美国的污水处理厂正变得越来越常见。

即使成功处理了污水，也会导致最后一个问题：污泥。这种令人讨厌的物质主要是达到有机颗粒物浓度有所稀释的水，其中干燥固体的含量通常是1%~10%。正如我们所看到的，污水的一级处理和二级处理都会产生污泥，这些污泥含有金属和有机合成化学物质。沿海地区对污泥的管理，经历了许多重大改变。物质本身的性质决定了其适合在海上、空气中（通过焚烧）还是陆地上加以处理（National Research Council，1978a）。纽约等城市地区最初是在海上处理污泥，而且随着污水处理的改善，污泥的量也在增加（Burroughs，1988）。然而，到1988年，联邦法律禁止城市污泥投海处理，因为这会破坏海洋资源，并可能造成人类健康问题。将海洋排除在污泥最终处理地之外的做法，给空气和陆地造成了更多压力。

第二种处理方式是焚烧，这种方式可以供给能量。然而，燃烧所产生的排放物已被证明是存在问题的。很多年前人们就知道，即使有洗涤器，许多地区的污泥焚化炉的排放物也没有达到空气质量标准（National Research Council，1978a）。

第三种处理方式包括各种在陆上利用污泥的方法。多年来，污泥一直是作垃圾填埋处理，但这种做法可能污染地表或地下水。在这些情况下，精心设计污泥的再利用方式，会使其实践变得可行，但许多在陆上循环利用这些营养元素的新机遇还在不断发展。

① 氯化：污水处理站给污水加入氯，对污水进行消毒处理的过程。

② 臭氧化：当臭氧接触病原体时，臭氧会破坏病原体的细胞壁，形成具有大氧化能力的副产物，并破坏对废水进行消毒的核酸成分。

③ 紫外线消毒：为了减少污水中的病原体，利用灯的电磁能量穿透病原体的细胞壁，达到破坏细胞内遗传物质、阻止或消除病原体繁殖的目的。

最重要的机遇之一是将污泥转化为肥料及其他能用的有机固体，有两个重要的转变使这一机遇成为可能。首先，污泥中的有毒污染物经过预处理①已经有所减少，预处理是要求各类工业在将污水排放到下水道前，要去除其中的污染物。预处理显著降低了污泥中金属和有机合成化学物质的含量。化学物质含量过高的污泥并不符合需求，因为植物可能会吸收毒素。其次，20 世纪 90 年代的进步，促进了堆制肥料及其他技术的发展，这些技术能减少污泥之中的病原体。
37 由于金属、有机合成化学物质和病原体含量的减少，污泥越来越多地被用作生物固体②。到 20 世纪 90 年代末，美国每年会生产约 690 万吨的生物固体，其中约 60%是陆上循环再造的。美国国家环境保护局提出，生物固体循环再造的总量还将提升（EPA，1999d）。典型的循环再利用包括土地利用、堆制肥料和掩埋覆土。

方案的选择和执行：使污水处理成为一种要求

直到 1972 年，污水处理仍是各州和地方社区的特权。此后，污水管理的法律、规则和政府的运作程序发生了显著改变。对公民和政客来说，环境保护已成为了国家主要问题，很少有人觉得现有的水质或污染管理已经很充分。想要通过污水管理来改善沿海水质，明确的技术性解决方案就是污水处理。1972 年之前，一直都缺乏建立明确规则来规定污水治理的政治意愿。

1972 年《联邦水污染法案修正案》（即《净水法案》）的目的就是，通过恢复和维护“国家水域的化学、物理和生物完整性”，使水域“适合钓鱼和游泳”（Federal Water Pollution Control Act Amendments of 1972；Freeman，1990；Alder et al.，1993）。法律要求各州确定沿海水域的用途，并利用联邦的协助，建立足够实现这些水域用途的水质标准。在批准该立法的过程中，政府最终选择将二级处理作为实现这些目标的技术手段。

各州通过限制各点源（如污水处理厂或工厂）的污染物排放量，来帮助维持河流、海湾以及河口的水质，以满足预期用途。本质上，政府通过颁发许可证的方式来控制污水成分，如专栏 3.1 所述。对污染物去除水平的规定，主要是基于特定技术可以实现什么样的水平。就污水而言，对有机物质的细菌降解，

① 预处理：在污染物进入污水处理系统（或受纳水体）之前，会通过减少或消除一部分污染物，实现部分或全部的污染物处理。

② 生物固体：因堆肥或其他家庭污水污泥处理而产生的有机肥料。

特别是通过上述的活性污泥法，几乎是所有想要获得许可证的污水处理厂都必须拥有的一项技术。为确保该项技术正确运作，并减少主要污染物，污水处理厂需每月报告污水流量、悬浮固体量、粪大肠菌群以及污水处理所去除的需氧量。诸如此类参数的值，必须满足污水处理厂按照其许可证所规定的水平。

专栏 3.1　许可证：从概念到付诸实践 38

水污染管理发生的主要变化，是源于 1972 年通过的一部新法律——《联邦水污染法案修正案》。该法律要求，管道每次的污水排放都必须有许可证，以控制排放的污水量及其成分。许可证定期补发，并可收紧排废限制。随着时间的推移，更严格的政府监管减少了污染物的排放，并最终带来更洁净的沿海水域。

人类对水域的用途决定了水质的目标。例如，游泳与航运对水质的要求就非常不同。如果知道了用途，就可以确定沿海水域一定地理范围内的水质标准。就水中有毒物质的标准而言，可能是不会损害生物系统的足够低的浓度。最后，水质标准被转化为以下标准，即规定可以排放何种物质，以及附近沿海水域可以含有何种物质。

想要满足预期用途，通常要求减少向沿海水域排放污染物。污水处理会在排放之前去除污染物。法律规定了污水处理技术。污水的二级处理或生物处理就是强制执行一项技术的例子。其他工业（如铝冶炼厂、汽车制造工厂、纺织厂等）管道排放也需满足类似的技术型监管要求。这种监管模式的假设是，排放管理将提升沿岸附近的水域质量。

要想实现科学原理与技术能力的结合，必须使法律上可强制执行的过程与这种结合联系起来。美国国家污染物排放消减制度（The National Pollutant Discharge Elimination System，NPDES）就构成了这种框架。美国国家环境保护局基于技术水平，建立了最低控制水平。简言之就是，许可证要求技术及其操作可以减少污染。此外，国内任何地区沿海水域的排污者，都很可能面临类似的要求。除了这些技术型的管理，法律还保留了通过水质管理进一步降低污染物的选择。如果第一轮的技术无法满足预期用途，会出现更严格的控制。

通常会向排污者颁发为期五年或更短时间的国家污染物排放消减许可证，该许可证规定了污水中污染物的排放限值，确定了适用于每种污染物的监测和报告要求。

当超出排放限值时，排污者会向监管机构通报，而如果问题依然存在，则 39

会采取法律行动。规定沿海水域的管道排放许可证制度，明显减少了污染排放量。

大多数工业已经选择将其污水排放到市政污水处理设备中，这带来了技术上和管理上的挑战。在传统污水处理厂，并不容易达成减少或消除排放金属和合成有机物的目标，但的确存在这种需求。许多沿海的水质问题都与工业污染物有关。1972 年的《联邦水污染法案修正案》，要求对污水进行预处理，以便在污水排放进下水道之前大量减少其中的有毒物质。

“有毒物质”一词是指某些化学物质对生物体所产生的影响。急性毒性①是指当生物体暴露在某一物质中的时间虽然相对较短，却会产生有害影响，甚至是死亡（Laws，2000）。作为一项诉讼案的结果，由美国国家环境保护局负责制定水质标准，涉及 120 余种主要有毒污染物（Adler et al.，1993）。这种做法的目的是确保水域的预期用途将决定污染物的水平。由于食物供应和饮用水中的有毒物质存在危险，因此，大家公认的是，限制排放是改善水质的重要方面。

方案评估：污水处理起到作用了吗？

自《联邦水污染法案修正案》修订以来，已超过 35 年。在这些年里，纳税人已经为监管制度及相关设备和运作投入资金，这使得污水处理方案的评估结果与民众经济利益和个人健康息息相关。1972 年的《联邦水污染法案修正案》不仅要求统一使用二级处理，而且提供购买和升级污水处理设施的资金，最初是作为捐赠，最近则是提供贷款，由各州管理相关事宜。大部分资金都是针对
40 沿海地区。这些资金的注入使得污水处理能力和水平显著增加。在整个美国，1972 年法案修订前，污水处理仅可以覆盖 1.4 亿人，而到 2000 年，则大约有 2.05 亿人受益（EPA，2004）。技术方面的投资降低了向环境排放未经处理的污水的流量，即使是沿海地区的人口在不断增长。这些污水处理行业的测量数据表明，污水处理方案获得了巨大成功。

然而，美国沿海水质虽然有所改善，却仍然需要更多关注（图 1.1）。如果项目方案的预期效果是使水域“适合钓鱼和游泳”，那么现有的结果并不理想。水体富营养化②、沉积物污染和鱼组织等数据已经表明，美国沿岸仍存在许多区

① 急性毒性：作为单一剂量或已暴露出来的毒素的致死量。

② 富营养化：水体中过多的溶解营养物质会导致浮游生物大量繁育、微生物活跃，常伴随低氧的现象。

域性的问题（EPA，2008a）。处理后的污水中的污染物，只是流向沿海水域的许多污染物来源之一。来自农业或其他土地用途的过剩营养造成了水体富营养化。通过空气传播或直接排放到陆地的金属和持久性有机化学物质，最终都会污染水中的沉积物和鱼。所以，虽然聚焦于单一因素（即污水处理）已经带来了可观的效果，依然需要其他工作来提高整体水质（Davies and Mazurek，1998）。

未尽事宜

合流污水溢流（CSOs）是沿海污水处理系统的一个主要未尽事宜。合流污水溢流的发生是因为街道排水管会汇集沉淀物，这些沉淀物会与家庭或工业污水在同一管道中混合（Burroughs，1999）。在雨水丰沛的时候，污水流量会超过污水处理厂的承载能力，并分流到沿海水域。合流污水溢流或其他水流中的病原体，限制了人们在海滨地区的游泳浮动，而且正如我们所见，还会使得贝类不宜为人类所食用。定期的水样采集和大肠杆菌、肠球菌的检测，能使社区和泳客警惕水质问题，这也是《沙滩环境评估和海岸卫生法案》（2000）（Beaches Environmental Assessment and Coastal Health Act of 2000）所要求的。近年来，全国范围内，适合在沙滩活动的日子里，大约有5%都因警告或休业而受到影响（EPA，2008b）。使人们远离病原体含量较高的水域，能够保护人类健康，但显然，更好的解决方案是在最初的时候就限制病原体的流入。

有一些解决合流污水溢流问题的技术方案。第一种方案是安装新的街道排水管道进行分流；第二种方案是在合流式下水道排放进沿海水域的多个地点安装数量有限的处理设备；第三种方案是在城市地下安装大型贮水池，在暴雨期间收集水流，而在雨水间隙，则将污水从深水池抽至污水处理厂，使排放符合二级处理的所有标准。诸如此类的技术方法使解决合流污水溢流问题几乎成为可能，但建成这些新系统的成本非常高。 41

以部门为基础的管理①

市政污水处理系统向我们展示了对一个单独部门或海岸特定用途而言，技术是如何解决海岸管理问题。在这种情况下，各部门之间或各种沿海水域的用

① 以部门为基础的管理：实施法律规定的单独行动，解决诸如疏浚、废物处理、渔业或能源开发等单一问题，而不是通过整体响应为多个沿海问题提供全面解决办法。

途之间会发生冲突，如污水处理与食品生产之间的冲突。环境过程将这两种用途联系了起来，即病原体从废弃物中转移到了食品供应之中。而引进处理技术会使这两种用途更兼容。制定这种以部门为基础的管理方案，涉及对病因的科学认识、技术解决方案、社会关怀和政府行动。

以部门为基础的管理，其案例之一就是污水处理。许多美国法律仅处理单个部门的问题，分别关注石油开采、渔业、沿海灾害、水产养殖、海上港口和动植物保护等主题（U. S. Commission on Ocean Policy，2004，appendix D）。同样，在欧洲，也制定了许多以部门为基础的项目方案，涉及城市污水处理、危险物质、贝类生长水域和游泳水域（McLusky and Elliott，2004）。每一项方案中，人们都希望通过改变某一单一用途的情况，就能服务于社会中的多重利益。我们已在本章节中看到，以部门为基础的污水管理，已经显著降低了向沿海水域排放的病原体。已经做出的改进包括控制有毒物质的预处理，以及合流式下水道系统中的污水处理等，这种以部门为基础的管理方式已经涵盖了与污水排放有关的许多其他问题。

然而，随着沿海地区人口的增长，沿海水域用途的类型和强度也在扩展。更糟的是，自然系统和社会系统以各种各样的方式将不同的用途联系起来。冲突进一步表现了出来，管理上的缺失也变得明显起来。在接下来的章节中，我们将考查在石油钻探、疏浚和湿地方面适用以部门为基础的管理，其优缺点何在。而读者的挑战则是评估在这些不同领域施行以部门为基础的管理，其有效性如何。

42 总　结

沿海水域用作废物处理的用途时，会与其他用途相冲突。在纽约，当人们食用受污染的牡蛎时，会感染疾病，而这些污染来自于废水中的病原体。许多其他地方也在重复类似的事件。法律要求对污水进行处理，这会减少对沿海水域其他用途的损害。关注沿海水域的某一单一用途并解决与之相关的问题，即是一种以部门为基础的管理。

在以下这个例子中，就是技术提供了解决方案。污水处理首先利用重力来沉淀大型贮水池中的有机颗粒物，随后，生物过程会分解剩下的有机颗粒物。在排放到沿海水域之前，为污水消毒会减少病原体，保护公众健康。污水净化会产生污泥，污泥可以被加工成生物固体并循环再利用，它们正越来越多地被用于给土地施肥。

1972 年，联邦法律做出修订，要求污水在排放之前必须进行处理并消毒。政府强制执行这种以部门为基础的管理方式，以使美国水域变得适合钓鱼和游泳。有两项标准可以证明水质正在改善：① 现在很少有人因食用受污染的海鲜而生病；② 在适于开展沙滩活动的日子里，只有不到 1/20 会因污水受到影响。然而，正如第 1 章所示，目前的水质与期望水质之间仍存在巨大差距，我们依然任重而道远。

43

第 4 章　石油

近岸海底的油气生产有助于国内的能源供给。因此，半个多世纪以来，海岸政策已经与国家能源政策交织在一起。这几十年的时间里，管理上的挑战已成为石油开发管理的重要方面，以期使海岸的自然系统和社会系统都能够继续满足所有民众的需求。各州政府及许多利益团体因为溢油和环境影响，都反对海上石油钻探，这已经不是什么秘密。在本章中，我们将考察这些争端的基础，并审视当前以部门为基础的管理方式，是否能应对这些问题所带来的挑战。

石油资源：起源和重要性

石油是以液体的形式提供太阳能。通过光合作用，太阳为有机物质的创造供给能量，再通过一系列的地质演化，最终形成石油和天然气。这些油气矿藏通常会在海洋盆地边缘的岩石中发现。因此，原油[①]通常位于有越来越多人聚居的海岸环境中。随着时间的流逝，陆海边界已经发生了很大的改变，因此从目前的陆海边界情况来看，石油矿藏可能位于内陆，也可能位于近海。然而，油层与如今海岸线附近高人口密度共存的情况，却对海岸管理产生了重要影响。

44 虽然个别石油矿床的细节情形还有待继续分析，但石油形成的整体进程却已清楚明了（Deffeyes，2005；Cook，1976；Skinner and Turekian，1973）。第一阶段是植物的生长、太阳能的收集，以及海洋条件，后者提供了近岸水域中的大量营养物质。这些有机物质会在海底沉淀，而海底的条件非常重要。石油形成的理想环境包括低氧，这就是如今能在近岸水域和河口观察到的自然条件。有了这些条件，有机物质在水体底部就不会被氧化。如果想得到石油，就要沉淀有机物质丰富的沉积物，可能需要高达 10%的有机碳，正如黑海的石油矿床一样。

第二个阶段是依赖温度的上升，将矿源层的有机物质转化成原油。如果后来的沉积层是沉淀在有机物富集层以上，致使其能埋藏在 7 500 英尺（2 286 米）

---

① 原油（石油）：有机物腐烂经自然作用而形成的液体状碳氢化合物。

深或者更深的地方，温度则会升高到 175 华氏度（79.4℃）左右，这时，组成有机物的较大有机分子就会分解成较小的分子（Deffeyes，2005）。原油是由分子组成的，而每个分子则是由 5~20 个碳原子组成。如果埋藏的深度达到 2 倍，温度会变得更高，分解过程会产生更小的分子，仅含有 5 个或更少的碳原子。这些更小的分子在常温常压下就是天然气。

但是，形成这些适宜大小的分子，只是完成了整个过程的一部分。想要加以开采，石油和天然气还必须聚集成矿藏。石油的形成过程非常漫长，而由于在深层圈闭石油的地质条件不够，其中大约 90%的石油都会以油苗①的形式渗漏到地球表面（Deffeyes，2005），能认识到这一事实非常重要。据估计，如今北美海域大约 62% 的石油都是通过海底油渗发现的（National Research Council，2003）。

幸运的是，一些原油只是在地球内部移动，并没有渗漏出地表。原油与咸水混合，向地层上方移动，理想的情况是，被多孔岩石上的防渗层圈闭，这样就可以从中提取石油。这些多孔岩石被称为储集岩②，可能是珊瑚礁物质或砂矿，与如今在海洋边缘找到的地物类似。沉积砂粒之间的孔隙空间③就是可以发现石油分子的地方。充分连接的孔隙会造成更多的渗水④岩，这是人们所希望看到的，因为这样石油分子就可以从储集层流动到油井，并采集到地面的油罐中。

一旦石油是流动的，就会到达表层形成渗漏，除非存在盖层⑤。盖层含有足 45
够精细的颗粒，致使石油不能透过该层继续向上渗漏。通过蒸发形成的细粒泥石或岩石，几乎是不可渗透的。有了恰当的沉积层顺序和时间，加上所有这些因素都存在，才能形成石油矿藏。然而石油矿藏的形成却比较罕见。

海底石油的存在，引发了人类积极的勘探。有时候，在沿岸能寻找到更多石油的可能性，会影响到能源政策。1974 年，联邦政府的“能源独立”计划宣布，联邦租赁外大陆架⑥的政策“可以明显提高国内石油产量”（Federal Energy Administration，1974，8）。外大陆架位于州水域以外向海一侧，而州管辖水域通

① 油苗：地层中的石油以某种散布的方式在地表浮现。

② 储集岩：在地里发现的一种多孔且可渗透的岩层，其中发现了石油、天然气。

③ 孔隙空间：存在于一定量的沉积物或岩石中，一整块连续和互连的空隙空间。

④ 渗水：因孔隙而具备使流体可渗透。

⑤ 盖层：封闭性能良好无法渗透的岩层，内部通常贮藏着碳氢化合物或水。（也可译为冠岩。——译者注）

⑥ 外大陆架：距海岸［除得克萨斯州和佛罗里达州的一个地区，其边界为 3 海里（16.7 千米）（应为 9 海里，作者应为笔误。——译者注）］3 海里（5.6 千米）以外，向海延伸至大陆边缘，或 200 英里（322 千米）的水下陆地，以更大距离为准。

常仅限于距海岸3英里（4.8千米）的范围内。正如1974年报告标题所示，租赁外大陆架是使美国不再依赖外国石油供应商的一种方式。

审视美国近代史上的石油供应和消耗（图4.1），或者只是简单地浏览一下每天的报纸头条，就可以揭示出“能源独立”计划的成果如何。到发布“能源独立”计划报告时，联邦外大陆架原油及冷凝油生产已经处于高位，自此之后仅略有增加。而美国的总石油生产，包括外大陆架的石油生产，在1970年达到顶峰，之后便有所下降（Hubbert，1956；Deffeyes，2005）。如果美国国内的石油生产是为了消除对外国石油的需求，或甚至保持不变，那么大幅增加外大陆架的石油生产，则对抵消陆上和各州管辖水域中不断下滑的石油产量来说很必要。然而，必要的产量增加并没有实现，美国开始从海外进口更多的石油，以弥补逐渐扩大的差距（图4.1）。

美国自身无法满足的石油需求，则由原油及石油产品的进口来弥补（图4.1）。讽刺的是，美国每年还出口多达6.6亿桶①的石油。尽管外大陆架生产了大量石油，但这一数量远不及国内总需求，无法与国内其他石油来源的产量下滑和不断增长的需求相匹配（图4.1）。近年来，外大陆架的石油生产仅刚刚超过美国总能源供应的2.5%，大约为液化石油供应的7%（Energy Information Administration，2009）。

石油钻井技术

在深海开采油气资源需要将必要的陆上钻井设备安置在可以应对所有海上挑战的大型平台上。

为了解目前海上石油开发技术的状况，让我们来考察一下在石油钻井和应对石油泄漏的手段方面技术上的缺失。

顾名思义，旋转钻井②在管道一端有一个特别设计的旋转钻头③，所以其钻柱④可以穿透更深的地层（Beebe，1961；Kash et al.，1973；Raymond and Leffler，
47 2006）。钻头在“钻井”时，或钻入地层更深处时，造成的石屑或钻粉必须从井中清除，这样钻井装置才不会被堵塞。运营商利用水、黏土和各种各样添加剂

① 桶（石油计量单位）：液体石油的单位体积，相当于42加仑（159升）。

② 旋转钻井：位于钻端的钻头通过施加向下力促成钻井旋转。

③ 钻头：用来打孔有切屑功能的工具。

④ 钻柱：通过接口连在一起，长度约为30英尺（9米）的钻管，钻柱将旋转力量传递给钻头，并将石油运至地面。

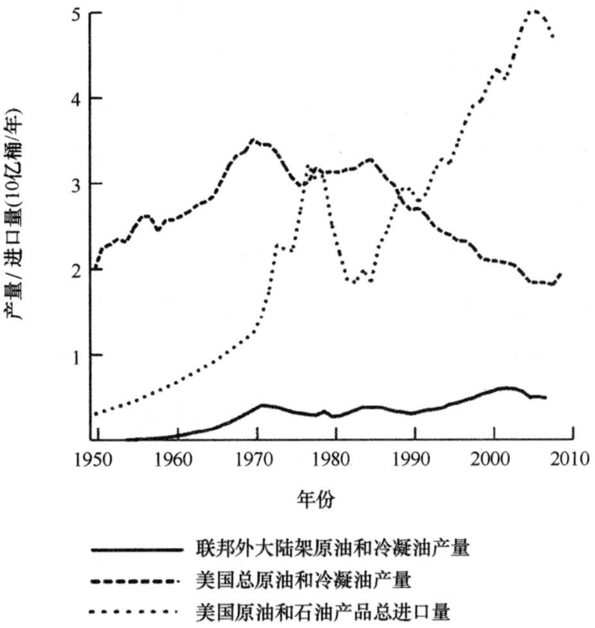

图 4.1　美国原油和石油产品的来源①　46

的混合物来制造钻井泥浆②。在高压下，钻井泥浆会流入中空的钻柱，通过钻头上的孔喷射出去，在钻井内、钻柱外向上携带钻粉。就这一向上的过程而言，钻井泥浆和钻屑会被新钻孔的岩壁所包围；钻孔之外，石油套管③会包裹住泥浆流。大多数情况下，钢管外壳的外部会与岩层紧密接合。钻井泥浆不仅可以清除钻屑，而且适当的混合配比和喷射，还会平衡石油、天然气和地层深处的咸水混合所带来的巨大压力。这些地层压力④的产生，是由于临近钻孔的岩石中的液体处于一两英里的岩石或覆盖层⑤的重压之下，而钻孔则可能直接向地表敞开。

如果由于某种原因，泥浆系统的压力变得比地层压力小许多，那么地层中

① 美国国内总原油产量（虚线）自 20 世纪 70 年代早期就已下降，同一时期的联邦外大陆架石油产量（实线）仅稍稍上升，所以原油和石油产品（点线）的进口量上升迅速，以填补国内产量的下滑，以及国内石油消耗与石油出口总体需求的增加。外大陆架石油产量的峰值是在 2002 年。数据来源：Energy Information Administration，2009.

② 钻井泥浆：由泥、水等混合而成的液体，在钻井过程中，用来把岩屑带到地表，如果密度及压力适当，还可以用来抵消矿井承受的地层压力。

③ 石油套管：钻井过程中，用于支撑油、气井井壁的钢管，用来防止油井塌方，控制井内液体流通。

④ 地层压力：作用在地层孔隙内液体上的压力。

⑤ 覆盖层：覆盖、压紧和巩固下层沉积岩的上层沉积岩。

的液体就会流入井眼。在井喷[①]的极端情况下，石油、天然气和/或水的混合物会从地层冲进井中，迅速提升井眼，并在地表的钻井机附近突然爆发出来。地表上，通常一簇火花就会使混合物着火，而且只要井中的燃料和大气中的氧气充足，火就会继续燃烧。井喷和相关火灾，会造成人员伤亡，并对陆上或海洋环境造成巨大损害。

仔细监测井压和其他因素，能预防井喷。然而，由于井喷确实会发生，且结果是毁灭性的，所以已经逐渐形成了特别安全系统来控制事故的发生（National Research Council，1981；Goins and Sheffield，1983；Goldsmith，2005）。防喷器（BOPs）[②] 是由液压操作的活塞组成，活塞的用途主要有：隔绝钻柱和钢管外壳之间的液体；如果已经撤出钻管，活塞可通过封闭油井来阻止钢管外壳之内所有液体的流动；捏紧/剪断钻管，以切断钻管。考虑到可能需要多个关闭装置，该系统包含了由不同防喷器组成的整个防喷器组，组装起来时可能有几十英尺高。陆上钻井设备的防喷器位于地上钢管外壳的顶部，但是在钻井机的下面。在深水钻井中，防喷器则安置在海底。

48 在防喷器技术失效的情况下，不受控制的敞喷可能超过墨西哥湾深水储集层每天 10 万桶的产量（Goldsmith，2005）。无论是在海上还是在陆上，出现这种情况时，都需要排除井中的障碍，恢复平衡地层压力的能力。通常，解决方案是钻另一口或几口井，减轻井喷井的地层压力，最后再向受损的井注入水泥，防止进一步喷流。

井控的复杂挑战，在石油勘探向海发展的过程中，会变得更加困难。石油公司通过发展技术来探寻和生产位于大陆边缘[③]深水大陆坡[④]和大陆隆[⑤]部分的石油，这样可以在地球表面更大的区域内探油（Burroughs，1986）。在海上钻井的第一阶段，会向海迁移陆上技术，加州和路易斯安那州沿海的木桩结构就是此例。这种早期工作是沿着海岸或在海湾内离海岸很近的地方开展。到 20 世纪 40 年代，钻井已经可以距海岸一定距离，用钢体结构支撑钻机的情况变得很普遍。

---

① 井喷：指（石油等）流体因受地球内部的高压而进入井眼，以难以遏止的势头蹿至地面的现象。井喷可同时伴着爆炸、火焰，对生命与设施造成损害。

② 防喷器：由液压控制的防止石油井喷的设备。该设备可安装在钻管附近或紧靠钻管与其相连。或者当井内没有钻管时，该设备也可以用来关闭钻井。

③ 大陆边缘：大陆在水中的边缘部分，包括大陆架、大陆坡、大陆隆等。

④ 大陆坡：以平均约 4 度的方式从大陆架倾斜至大陆隆顶部，整个大陆坡长度从 0.6 英里到 6 英里（约 1 千米到 10 千米）不等。

⑤ 大陆隆：在大陆坡底部由沉积物堆叠而成，通常绵延数百千米宽。

当采用另一项革新技术时，勘探钻井可以扩展到更大的深度。到 1949 年，墨西哥湾引进了第一台移动式海上钻井装置①，开启了海上石油开发的第二阶段（Graff，1981）。这一船装钻机可以在深达 20 英尺（6 米）的水中进行操作。在移走移动式钻井装置时，会在石油套管②上竖立起单独的油井保护平台，石油生产活动就可以通过平台上的台面活动来进行，这一平台会永久地放置在海底。

海底完井③技术使得深水钻井能力迅速提升。海底完井技术包括在海底放置的一个阀门系统，以控制液体从油井向平台或浮式采油设施的流动。由于水太深，不太可能通过自由潜水对设备进行维护，所以设备是从台面下降到海底，并通过遥控潜艇来维护。最后，在安装海底生产系统④时，需利用该设备从油井中生产油气并运送到台面。墨西哥湾的采油井，其所处水域水深超过 1 英里，有些油井甚至位于更深的水域（Paganie，2010）。

石油开采技术发展的第三阶段是泄漏之后的恢复能力。石油会通过各种途径流入海中（表 4.1）。平台溢油包括井喷、采出水和管道破裂，这些溢油占北 49
美周边水域人为负载总量的约 5%。

表 4.1　1990—1999 年间每年向北美水域排放的石油量的最佳估计值　单位：千吨

来源	排放量
自然渗漏	160
石油开采	
平台	0.16
大气沉降	0.12
采出水	2.7
运输	
管道泄漏	1.9
油轮泄漏	5.3

① 移动式海上钻井装置（MODU）：自带浮动或浮动钻井设备，如自升式钻井平台（可以下降到海底下的长腿驳船）、半潜式钻井平台（甲板高于水面漂浮于如下体式的浮桥平台上的船）或钻井船（用特殊的站点保持设备和钻机调节的船）。

② 石油套管：钻井过程中，用于支撑油、气井井壁的钢管，用来防止油井塌方，控制井内液体流通。

③ 海底完井：位于海底的高压阀系统，用于控制液体的流动，将液体传送到岸边、固定平台或最新的浮动装置。

④ 海底生产系统：由管道 、阀门和相关设备组成的生产系统，可通过单个或组装的方式开采油气资源。

续表

来源	排放量
沿海设施泄漏	1.9
大气沉降	0.01
石油消耗	
陆地（河流和径流）	54
休闲船舶	5.6
泄漏（非油轮）	1.2
操作性排放（船舶）	0.22
大气沉降	21
投弃的飞机燃料	1.5
总量	260

来源：National Research Council, 2003.

有好几种正在使用的溢油回收设备。围油栏[①]和撇油器是主要的控制或回收海面石油的机械技术（Office of Technology Assessment, 1990; Clark, 2001）。围油栏包括水面上的顶端浮体，以及水下经过加重的裙体。在波浪和水流条件允许的情况下，围油栏会阻止石油在海面上的移动。围油栏可以用来保护海岸线，或用船拖曳来回收海面上漂浮的石油。撇油器是一种特殊的船舶，通过水面表层的物理隔离来回收石油，然后将油水混合物抽到船上；或者通过在漂浮的石
50 油中间拖动石油吸附剂来回收石油，并将油水混合物挤压进船上的容器。化学分散剂[②]有助于将浮油分散成小液滴，由于表面积扩大，小液滴可以通过细菌作用更快地降解。但是，有关分散剂或分散剂与油的混合物的毒性，以及所需的大量化学制品的争论，抑制了这些物质的使用。另一种备选方案是在海面燃烧石油。想要适用此种方法的话，必须是新近溢油，且浮油层必须有足够厚度。具体做法是先在溢油区域拖曳防火围油栏，然后点燃围油栏中的石油。生物治理方式也有所尝试。这一方式的目标是，利用专门的微生物和营养物质，为细菌创造条件，使之降解和氧化石油分子的速度比自然发生的情况更加快速。另

① 围油栏：一段贮满空气或泡沫的漂浮管，管身下方盖着厚重的布条，用以防止海上石油污染扩散，或者收集回收漂浮的石油以重新利用。

② 分散剂：喷在石油上面，这些化学物将使其分散成小滴状。

外，每次重大溢油事故都会尝试新的清理方式，但有时也会危害海洋环境。例如，浸油滑石粉（chalk to sink oil）、清洁海岸线的热水，以及油污湿地设备，这些方式已经导致超过油污本身损害的重大意外伤害。

相比之下，随着深海石油钻井在技术上的进步，溢油回收技术却在很多年里一直保持相对不变。由于深水油井远离海岸，海面条件往往比较恶劣，这使得现有的溢油回收方法并不怎么有效。评估显示，石油一旦排放到开放水域，各种方法只能回收约 10% 的石油（National Research Council, 1985a; Office of Technology Assessment, 1990）。溢油的回收率如此之低，以致大多数溢油事故似乎必然会带来严重的损害，预防仍然是最有效的风险控制方式。

海上石油的环境和社会影响

海上石油的影响存在于陆上和海上，涉及自然和社会。良好的治理需要先发制人，避免严重损害。海上石油对陆地的影响来自于港口、储存、炼油，以及相关支持团体；对海洋的影响则来自于对环境的破坏和污染。钻井地点附近的自然区域，以及在该区域生活、工作和娱乐的人们，都以多种方式受到影响。重大环境影响如表 4.2 所示。

当美国的石油开采从加州和路易斯安那州扩大到新的海岸边缘地区的时候，很明显，新的陆上设施和炼油厂对支持石油开采和原油市场的准备来说很有必
要。由于石油技术得到了发展，且影响到了沿海景观，加州和路易斯安那州经 51
历了几十年的增量变化。当提出新的海岸边缘地区时，许多居民开始担心潜在的环境和社会影响（Council on Environmental Quality, 1974; Baldwin and Baldwin, 1975; National Research Council, 1978b; Burroughs, 1981; LaBelle, 2001）。

表 4.2　海上石油活动的重大环境影响

活动	影响源	影响
地震勘测	噪声	生物体损伤或死亡
钻井	钻井泥浆、钻屑和污水排放；石油的操作性排放或事故性排放；废气排放	水质降低；浮游、底栖和濒危物种受影响；渔业和航运的空间冲突
钻机和生产设备制造	土地用途的转换、疏浚、废气和废水的排放	土地利用竞争、劳动力需求增加、空气质量和水质降低

续表

活动	影响源	影响
海上液体分离	随采出水排出的石油	水质和生物影响
加强回收和/或深水操作	化学品排放	水质和生物影响
运输/储存系统建造	为管道铺设和航运而进行的疏浚；土地用途的转换；油泵和储存设备选址	空间冲突；干扰沉积物；生物影响
运输营运	长期、意外的排油；废气排放	水质和生物影响；干扰渔业
炼油	土地利用冲突；炼油厂排放和污水	空气质量和水质影响；人类健康影响；生物影响
海上设备的停运	土地和海洋的空间利用；污染物排放	生物影响

石油开采的每个阶段都以不同的方式影响着社会和环境。在勘探阶段①，对
52 海底进行地球物理勘测之后，会对最有希望产油的区域进行勘探钻井。地球物理勘测船并不需要陆上支援，但如果能立即在毗邻钻探地点的岸上建立容纳作业人员和储存物资（管道、钻井泥浆、化学制品、补给品、燃料等）的基地，那么勘探钻井作业才会最高效。基地设施包括拖运设备的作业船码头，以及码头附近储存设备的区域。用于运送工作人员到海上钻井平台的直升机航空基地，也会占用沿海土地。由于钻机作业需要雇用数十人，加上所有这些辅助设施都增加了工作量，所以沿海人口在这一早期阶段往往会有所增加。

如果找到具有商业利益的大量石油，海上油田会进入开发阶段②。建设更多的永久性油井、管道，甚或最终的炼油厂，会耗费十余年到数十年的时间，而具体时间的长短则取决于油田的大小。虽然实际施工是在海上，但也需要陆上空间来建造钻机和生产设施。每一项土地用途转换的活动，都会造成环境影响，如湿地损失。土地需求的增加也提升了房地产价格。最终，支持油井建设的劳动力增加了，学校、医院、警力和娱乐需求也随之增加。

在海上，与油井有关的钻井泥浆会排放到海水中。某些钻井液的添加剂对海洋生物而言是有毒的（Holdway，2002）。当大量钻井泥浆和钻屑排放到海底

① 勘探阶段：包括一系列用于判别具有潜力地质构造的区域性地球物理勘探，对特定构造的潜力评估的详细调查，以及探索性钻探以决定是否蕴藏着油气资源。

② 开发阶段：指在探明油气资源商业规模后，结合预估的油气储量与生产率，完成开采与运输设施建设（而准备开采）的阶段。

时，会造成缺氧条件，这几乎消灭了钻探设备附近的所有底栖生物（Clark，2001）。

在后续的生产阶段，一般会将石油运移到岸上储存和分销。为运输石油和天然气，会建造管道、处理设施，甚或新航道。航道和管道通路通常会穿过湿地，需要进行疏浚，这会改变沿岸的水文条件，并可能造成溢油（Ko and Day，2004）。一旦生产活动开始，油井会产生油气和咸水的混合物。这些液体会在海面分离，咸水也会作为采出水被排放到海里。由于组成原油的一些分子会在咸水中溶解，所以当咸水回到海洋中时，会携带石油和其他一些可能的化学物质，并以各种方式影响海洋生物（Holdway，2002）。原油会通过驳船、管道和油轮运输到岸上。

在石油生产阶段，就业总人数与施工期相比有所下降，且自然环境会受到
石油运输、存储甚或炼油的影响。油库、天然气处理设施，以及连接这些设施 53
与油井的管道，可能发生泄漏并造成损害。如果已经建成了炼油厂，其会向周围空气、土地和水域排放污染物，这进一步增加了环境的负担。

井喷、管道破裂和油轮事故会排放大量石油。美国第一起引起全国关注的石油灾难是 1969 年发生在加州圣巴巴拉市海岸附近的事故（Baldwin，1970）。油井失控了一段时间，甚至在关闭油井之后，海底还有多处在继续渗漏石油。1 500只被带到治疗中心的海鸟，死亡的约有 90%。这起事故对生态系统更广泛的影响还未可知，但沾满油污的海鸟图片，却对人们如何看待石油泄漏产生了很大的影响。

第二起威胁美国水域的重大事故是 1979 年伊克斯塔克（Ixtoc）勘探井发生的大井喷。该勘探井位于墨西哥东海岸附近，但最终影响了得克萨斯州的海滩（National Research Council，1985a）。井喷引起了火灾，在油井之上的海面燃烧，消耗了 30%~50%的溢油，只有不到 10%的溢油被回收。当时，在深水中发现了高浓度的石油烃，距井喷处有 12.5~18.6 英里（20~30 千米）的距离。综合观察来说，这些调查结果表明，溢油不仅漂浮在海面，而且在海底、水体中也有，并通过蒸发和燃烧存在于大气中。井喷附近的微生物种群有很强的降解烃类的生物能力，但由于养分有限，很少发生降解（National Research Council，1985a）。伊克斯塔克事故发生之后约 30 年，美国密西西比三角洲南部水域的“深水地平线”钻井平台马孔多（Macondo）油井发生了一起类似但更为严重的井喷事件（专栏 4.1）。

石油泄漏对大范围内的海洋生物和环境有致死和亚致死作用（Laws，2000；

Clark, 2001; National Research Council, 2003)。发生泄漏之后，石油不仅漂浮在海面，而且会溶解在海水中，沉入水体或一直沉到海底。因此，溢油事故的影响是广泛的。浓度在百万分之一到五十的原油对幼年长须鲸来说是有毒的，但石油中的个别芳香族化合物即便在浓度低100倍时仍是有毒的（Laws, 2000）。当海岸线上的细粒沉淀物吸收了石油，这种低氧区域会阻碍细菌降解石油，使其在沉淀物中存留十年或以上。

54

专栏4.1 BP公司“深水地平线”钻井平台马孔多油井溢油事故

2010年4月20日，马孔多油井发生井喷，导致墨西哥湾移动式海上钻井平台“深水地平线”发生火灾，11人死亡，油井失去控制（Unified Command, www.deepwaterhorizonresponse.com）。BP公司持有火灾发生地的钻井许可证，并与瑞士越洋钻探公司签订合同，使用其能动态定位的“深水地平线”钻井平台开展马孔多油井的钻探作业。美国内政部在2008年租赁了大片地区给BP公司，并由美国矿产管理局代表联邦政府监督油井作业活动。马孔多油井水深约5 000英尺（1 524米），距路易斯安那州海岸约40多英里（64千米）。

高气压、井控程序不足，以及防喷器故障，导致了美国历史上最大的溢油事故。井喷、火灾，以及“深水地平线”钻井平台沉没之后的几周内，溢油量明显相当于敞喷流量的很大一部分，这一情况一共持续了87天。8月初，溢油停止后，联邦小组报告称，一共泄漏了490万桶（2.06亿加仑）石油（FRTG, 2010）。在该起事故之前，“埃克森·瓦尔迪兹号”油轮事故是美国最大的溢油事故，但其溢油排放量仅为马孔多井喷事故的5%。

在溢油事故发生的几个月里，各方都做出过各种尝试来控制溢油量，抑制和清除浮油，但效果很有限。最后，在发生故障的防喷器顶部安装了一个帽盖，才停止了溢油。减压井被视为是最终的解决方案，可能从海底以下数英里的源头上阻止溢油。油井溢油时，在发生故障的防喷器上安装设备，可以引导一些石油和天然气通过管道流向海面船舶，再进行燃烧或回收。石油会在海面形成光滑面、泡沫和沥青球。人们在海上进行撇油，并利用化学物质分散石油，而且，在技术允许的程度上，利用围油栏围住石油，从而使浮油远离敏感的近海地区。尽管如此，数百英里的海岸线仍被石油所污染，包括特别敏感的湿地区域。围油栏还被用于收集在油井附近新溢出的石油，以便在浮油仍处于海面的时候进行燃烧。事故的处理共动用了2万余人的劳动力，电视还报道了有些人在墨西哥湾岸区海滩铲除石油和沙的混合物的场面。

溢油污染了墨西哥湾大面积的海鸟、海洋哺乳动物和乌龟。石油羽流明显存在于水体的不同深度。

临近溢油事故发生地的湿地受到污染，路易斯安那州、密西西比州、阿拉 55
巴马州和佛罗里达州的海滩也受到污染，造成海滨游客的访问量急剧下降。为确保海产食品的安全，一度关闭了近 87 000 平方英里（2 250 多万公顷）联邦海域的渔业。石油对渔场和海滩的双重打击，削弱了墨西哥湾经济的两个重要组成部分。

湿地植物被包裹上石油后，会失去与大气有效交换气体的能力，并停止光合作用，加上直接的组织毒性，会导致湿地植物在溢油事故发生后遭到损害（Pezeshki et al.，2000）。海鸟尤其脆弱，海鸟的羽毛沾上石油后，海水会渗透进羽毛，而且浮性与绝缘性都会消失。由于海鸟会试图去除羽毛上的石油，这会通过喙部摄入部分石油。所有这些共同作用导致了海鸟的死亡。

海上石油灾害的社会影响和石油开采本身同样重要，但并不为人所知。不可避免地，居民对海上钻井的立场，反映出他们怎样看待石油钻井对自身生活的影响。石油开发改变了环境，改变了就业率和工作类型，影响了地方增长的特征和总量，并以许多其他方式影响了沿海地区的生活。美国许多地方的居民认为，石油开发的成本太大，并已经在力图限制或拒绝石油开发。尽管加州海岸附近也有油田，但大多数市民反对进一步的开采。

另一方面，路易斯安那州、得克萨斯州和阿拉斯加州大部分都支持海上钻井，但即使是这些州，也不是完全没有异议的（Freudenburg and Gramling，1994；Gramling and Freudenburg，2006）。路易斯安那州倾向于支持石油开采，主要有以下几个原因：海上技术的许多部分都是在路易斯安那州的南部得到开发的，所以居民可以观察到增量变化，并在一定程度上参与到新技术的开发之中。此外，低人口密度，以及湿地和潜在港口的广泛分布，使石油储存比美国其他地方更容易。而且，该地许多居民都赞成开采使用自然资源，已经适应了石油开采，并且在与石油行业从业人员接触的过程中有积极的经验。再加之，路易斯安那州的许多人都在该行业就业。然而，BP“深水地平线”钻井平台马孔多油井溢油事故暂停了渔业、破坏了湿地、威胁了当地的生活方式，给这一善意带来了严峻的考验。

56

法　　律

成功的海岸方面法律不仅会规制石油产业的发展，而且会减少对环境和社会造成的损害。产业发展会占用稀有的沿海土地资源或降低水质，通常会造成与其他用途之间的冲突。因此，外大陆架开发的法律框架会分配管辖权、建立租赁程序、评估溢油责任和清除责任，以及定义石油开发与其他海岸利益之间的关系（表4.3）。

划分联邦和各州海域所有权的需求，是从技术本身的变化发展出来的（U. S. Commission on Ocean Policy，2004；Juda，1993；Mead et al.，1985；Burroughs，1986）。由于资源是位于沿海水下并向面海一侧延伸，所以石油开发人员创造了石油开采的新技术。最初，加州和路易斯安那州都主张来自毗邻其海岸的水下石油钻井的收益。并不意外，这对联邦政府来说是一个问题。最终，1953年的《水下土地法》（Submerged Lands Act of 1953）解决了联邦和沿海各州管辖海域之间的界限问题。对美国大部分地区来说，该界限位于基线向海一侧3海里（5.6千米）。通常，基线是海岸低潮线或较低低潮线，并绕过河口、海湾湾口和复杂海岸线的外部端点。州属水下土地以外的海底区域就是外大陆架。由于历史原因，佛罗里达州西海岸、得克萨斯州和波多黎各的州属水域分界线在基线向海一侧9海里（16.7千米）。

美国在1978年修订了1953年的《外大陆架土地法》，该法明确了私人企业如何开采联邦外大陆架土地下的石油。这一过程的关键步骤是向私人企业出租3英里（4.8千米）乘3英里的大片海底区域，并根据各种规则转让该区域的石油和天然气权利。一般来说，企业按照红利出价①的多少来竞争，红利出价是每个公司愿意支付的以使用海底土地的费用。为持有海底土地，公司会支付少量租赁费，并随着石油的生产，再向政府支付税费②，通常相当于产出的石油价值的16.66%（Mead et al.，1985）。也可能有其他支付规则，但这些规则都必须保证美国公民获得适当的补偿，他们才是石油和天然气的所有者。由于征收的税费金额很高，多年来仅次于联邦税，所以联邦政府扮演了裁决人的角色，需考虑到石油开发的收益及其对环境的影响。

---

① 红利出价：相关实体因探测油气储藏资源，以现金的方式付给油气资源所有人的一大笔不可退返的资源租赁费用。

② 税费：按油气产量一定百分比支付给资源所有人的费用。

表 4.3　影响外大陆架①油气开发的法律 57

法律	联邦机构	目标
外大陆架开发		
1953 年《水下土地法》	内政部	区分联邦和州属水下土地
1953 年和 1978 年《外大陆架土地法》	内政部	管理联邦海洋土地的租赁；环境影响
1995 年《外大陆架深水矿费减免法》	内政部	减少税费征收，鼓励深水钻井
2006 年《墨西哥湾能源安全法案》	内政部	与墨西哥湾石油生产州分享租赁收益、重新分配租赁计划
石油污染		
1972 年《联邦水污染控制法修正案》及其修订	美国国家环境保护局	控制石油和天然气作业中的操作性排放
1990 年《清洁空气法》	美国国家环境保护局	控制石油设施的空气污染
1990 年《石油污染法》	美国海岸警卫队、内政部	控制和清理溢油
与其他用途相关的法律		
1969 年《国家环境政策法》②	内政部和其他联邦机构	确定联邦行动的环境影响
1972 年和 1990 年《海岸带管理法》	商务部	确保针对海岸的联邦行动与各州的海岸计划保持一致
《河流和港口法》③	美国陆军工程兵团	使海上石油设备安装的选址远离大洋航线
《濒危物种保护法》	内政部	减少石油对濒危物种的影响
《海洋哺乳动物保护法》	商务部	减少石油对海洋哺乳动物的影响
《渔业保护和管理法》	商务部	制订与商业性渔业互动的计划

① 外大陆架：距海岸［除得克萨斯州和佛罗里达州的一个地区，其边界为 3 海里（16.7 千米）（应为 9 海里，作者应为笔误。——译者注）］3 海里（5.6 千米）以外，向海延伸至大陆边缘，或 200 英里（322 千米）的水下陆地，以更大距离为准。

② 《国家环境政策法》（NEPA）：一项要求机构要对能严重影响人类环境质量的所有大型联邦项目，通过环境影响报告对其所策划行动的环境后果有所应对的法律。

③ 《河流和港口法》：从 1899 年开始，该法案规定以下情形为非法的：（i）在没有取得许可的情况下，将任何种类的废物排放到航行水域及其支流中的情形；（ii）在未取得许可的情况下，挖掘、填充或改变任何港口、运河或其他区域的方向、条件及容量。

58 从租赁外大陆架开始到20世纪中期，外大陆架租赁的收益几乎全部归于联邦公库，但沿海各州却承担了岸上基础设施的费用，以支持海上石油开发。

1978年修订的《外大陆架土地法》更有效地整合了对各种环境因素的考量（U.S. Commission on Ocean Policy，2004）。修订法案规定了执行预期租赁销售的时间表，并为各州规定了相应程序，以确认出如果加以开发，很可能导致环境损害的水下土地或租赁销售（图4.2）。修订法案还规定了一个由官方开展的环境研究项目（Burroughs，1981），进一步增强了各州自行确定油气开发是否与其海岸计划相符的能力，并确立了创建更安全工作条件的方法。

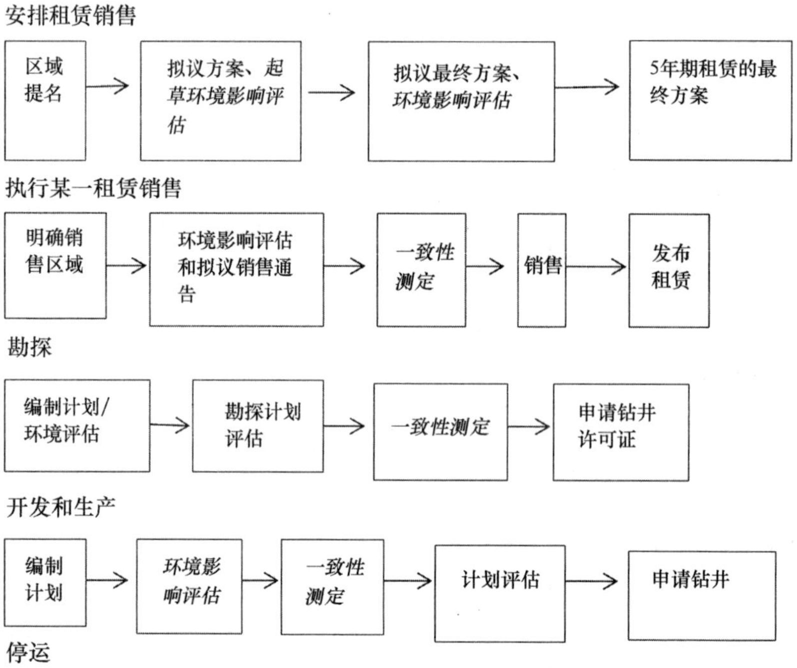

59 图4.2 租赁过程①

当前出租外大陆架土地流程中的关键要素都是在1978年修正案之后建立的。首先，政府会确认未来5年考虑竞标的外大陆架地理区域，并听取相关意见。这一过程会确立一个临时性的名单，列出潜在的出租区域，以及考虑出租每块区

① 内政部安排并执行租赁销售，监督外大陆架油气田的勘探、开发、生产和停运。斜体标示的环境影响评估过程和一致性测定，会允许利益相关者参与石油开发决策的某些方面。

域的时间表。第二，通过确定一个区块、完成环境影响报告①，并借由联邦一致性②测定听取毗邻该区块各州的观点，之后，政府部门会为这一区域的租赁销售做出规划。联邦一致性测定是用来评估联邦规划是否与各州建立的海岸区域目标相匹配。这促成了红利出价竞标的举行，并最终出租给出价最高的投标人。第三，公司或公司集团获得租约后，在有出油前景的位置进行实际钻井，即为勘探。由于勘探钻井会影响到各种资源，所以需要相关活动计划、环境评估和油井开采许可证。第四，如果发现具有商业利益的大量石油，石油公司会建立开发和生产计划。这时候，就会开展海上钻井活动和管道建设，以及在附近或岸上开展各种其他相关活动。因此，开发活动和生产计划必须符合所在州的海岸目标，并需要通过环境影响评估过程来做额外评估。简言之，1978 年《外大陆架土地法》要求联邦政府对与石油生产有关的安全和环境保护做出相当大的监督。

自 1978 年以来，外大陆架相关法律已经有了许多显著变化和附加规则，包括 1995 年的《外大陆架深水矿费减免法》。通过减少政府应收取的税费金额，立法者试图鼓励石油公司更多地投资昂贵的深海［大于 656 英尺（200 米）］石油开发活动，目的是增加石油产量。2006 年的《墨西哥湾能源安全法案》 60
（Gulf of Mexico Energy Security Act of 2006）（PL 109-432）表现出一种清晰的认识，既然沿海各州承担了与石油开发有关的成本和环境损害，那么应当获得一部分石油开发所带来的收益。因此，该法案规定，海上石油收益的 37.5%需分配给毗邻的沿海各州。其他立法也授予各州以联邦政府收益的部分份额（27%），这些收益来自于州属与联邦海域分界线向海一侧 3 英里（4.8 千米）宽的海域范围内所生产的石油。

大多数外大陆架法的执行都是通过内政部完成的。2010 年，在一系列管理不当和墨西哥湾“深水地平线”钻井平台发生井喷之后，内政部进行了重组，取缔了对这些问题负有责任的单位——矿产管理局。内政部部长与评估和租赁资源的单位共同创建了海洋能源管理、监督和执行局取而代之，以确保安全和环境执法，并征收税费（Salazar，2010a，b）。

管理海上石油开发的法律框架的第二部分是处理溢油的应对和责任问题。

① 环境影响报告：法律强制要求并公开可被使用的文件，文件通常要求在联邦机构做出优选行动前，依其环境影响提供多个备选方案供考虑。

② 联邦一致性：依法律要求，联邦机构对海岸利用或海岸资源的合理可预期影响的行动，都必须最大程度地与一个州内联邦所批准的海岸管理项目的执行政策实践保持一致。

尽管有多部与溢油相关的法律，但最重要的是1990年的《石油污染法》，该法的设立是为了应对“埃克森·瓦尔迪兹号”油轮溢油事故的灾难。《石油污染法》授权政府实体中的自然资源托管人[1]来代表公众，并确保溢油事故责任方能恢复其损害的系统。根据该法，责任方被定义为拥有、操作或租赁需为石油排放负责的船舶或设备的各方（U. S. Commission on Ocean Policy, 2004；National Research Council, 2003）。在一定范围以内，责任方需负责与溢油有关的清理成本和损害赔偿。这些义务包括：清污费用，以及对资源利用的损害或损失、私人财产的损毁和生产能力丧失等的赔偿。自然资源损害情况的评估能量化损害，为资源的恢复营造了一个良好的环境（Grigalunas et al. , 1998）。

与海上石油开发有关法律的第三部分，详细规定了石油开发与其他沿海陆地和水域用途之间的相互影响。1969年《国家环境政策法》（42 USC 4332）规定的环境影响报告，是一种确定海上石油活动可能产生影响的方式。环境影响报告使内政部能够比较各种租赁备选方案，并评估这些方案对环境的相对影响。

61 海上石油开发会影响航运、环境质量和生物体（U. S. Commission on Ocean Policy, 2004）。这其中的每一个方面都获得了法律的明确规定。《河流和港口法》赋予美国陆军工程兵团减少航行障碍的责任，因此，其在确定海上平台和海上活动的位置方面发挥了重要作用。此外，美国海岸警卫队决定了海上平台应该显示什么灯光和其他信号。

1990年《清洁空气法》处理的是环境质量问题。该法规定了外大陆架上的空气排放，并授权美国国家环境保护局来要求距州海岸边界25英里（40千米）范围内的海上设施需遵守陆上规则。由于海上油井产出的石油和天然气通常会与咸水分离，所以《净水法案》[2] 在规范这方面的排放问题上发挥了作用。

关注海岸地区生物的三部重要法律，也影响了海上石油的开发（U. S. Commission on Ocean Policy, 2004）。依《濒危物种保护法》规定，联邦机构在采取任何行动之前，需向国家海洋渔业局和/或美国鱼类及野生动物管理局进行咨询，这些行动包括可能危害在列物种的石油开发等活动。国家海洋渔业局和美

① 自然资源托管人：在发生石油泄漏或其他有毒事故而导致伤害、毁灭或自然资源受损时，代表公众行事的政府官员。

② 《净水法案》：即1972年美国颁布的《联邦水污染法案修正案》。该法禁止向水体中排放污染物，目的是为了维护水域的化学、物理以及生态完整，确保水质安全，以便保护鱼类、贝类、野生动物的生存环境以及人类的水上娱乐活动。

国鱼类及野生动物管理局可以在开发活动之前发表生物意见书[①]，以帮助确保开展合理且谨慎的开发活动。在石油开发活动会影响到哺乳动物的情况下，则适用《海洋哺乳动物保护法》。特定条件下，可以安排授权干扰或捕捞哺乳动物的证书。最后，《渔业保护和管理法》要求商务部部长建议内政部部长采取可以保护重要鱼类栖息地[②]的行动。

如果这些法律已经能够保护环境，并规定了所有海岸利益团体之间相互协调的用途，那么使用者之间的冲突，以及州政府和联邦政府之间的矛盾就会尽可能减少。然而，并没有发生这种情况，紧张的状态甚至达到了某些人可以称之为叛乱的程度。

海藻叛乱[③]

通过立法在水域中划定一条区分州和联邦对油气资源的控制的线，政府就可以解决哪个实体控制油气开发，并获得相应收益的管辖权问题。然而，自然系统和社会系统却跨越了这条线，并产生了许多附加问题。根据《外大陆架土地法》，联邦政府拥有大部分收益，而州政府却承担了大部分成本费用。

因此，许多州都反对石油租赁，他们对联邦政府的强烈反对被称为“海藻 62
叛乱”。石油、渔业、旅游业等不同利益团体，对如何解决海岸问题持有不同观点，并且哪个政府机构和政府层级最赞同其观点，就倾向于支持那一方。许多人认为，石油行业在联邦政府的行政部门之中占主导地位，而且很大程度上，石油行业在法庭上的地位也是如此。但事实却是，国会和行政机关已经颁布了许多部法律，以更好地代表其他海岸使用者的需求。因此，鉴于石油行业在联邦层级的影响，这些感觉被剥夺了权利的其他海岸使用者，倾向于更可能支持他们观点的州级政府。

因与石油开发相关的成本和收益分配问题，联邦政府和州政府之间的冲突在增加（Fitzgerald, 2001）。国家利益包括：石油销售所带来的联邦收益，能源的国内供给和工作岗位的增加，以及因从外国购买更少的石油而减少的贸易赤

① 生物意见书：指当其他联邦机构制定可能对濒危物种产生影响的决定时，美国鱼类及野生动物管理局和国家海洋渔业局将对该决定进行评估。

② 重要鱼类栖息地：在一定区域内，具有重要商业价值的海洋物种在各个生长阶段，其长期生存和健康生长所必需的水体及海底环境。

③ 海藻叛乱：联邦和州政府之间在外部大陆架能源开发成本和收益分配问题上相冲突的观点。

字。沿海各州却承担了大部分石油开发活动的成本。环境破坏会影响渔业、娱乐业、栖息地、湿地和空气质量，以及依赖于此的其他用途和工作岗位。这些影响在重大溢油事故期间最为严重，但石油开发设备的正常建设与运作也会影响沿海土地、水域和生物区。直到最近，沿海各州才获得海上石油开发的微薄收益，但却必须提供基础设施（道路、港口、医院、学校等）来支持该产业的发展，支持行业内的工人及其家庭。结果就是，州级机构和联邦机构之间的竞争和冲突不断，从海上石油蔓延到水产养殖、深水港口及其他在联邦水域内的活动（Salcido，2008）。

海藻叛乱已经以各种方式得到体现，我们将着重强调四个方面：联邦一致性审查、国会的暂停、收益共享以及溢油。1972 年的《海岸带管理法》（16 USC 1456）宣称，如果联邦政府已经批准了某个州的海岸计划，就不能采取有悖于该州海岸目标的行动。尽管意图似乎足够清晰，但有关哪些行动需经联邦一致性审查的争议仍持续了很多年。各州试图反对某些租赁活动或规制某些开发活动，但联邦政府在支持石油产业计划方面通常会获得成功。诉讼一直打到最高法院。最终，1990 年修订的《海岸带管理法》明确了海上开发活动需经过
63 一致性审查。此外，该法还创设了开发活动和生产活动的审查程序（Fitzgerald，2001）。按照一致性审查的指导方针，许多石油开发行动都受到了更为严格的详细审查（National Oceanic and Atmospheric Administration，2009）。

鉴于来自各州的压力，通常都由国会暂停[1]、总统撤销[2]出租某地理区域，这是海藻叛乱的第二个要件（U. S. Commission on Ocean Policy，2004；Fitzgerald，2001）。国会会找出联邦机构无须为租赁销售准备花费任何费用的区域，最初是 1982 年在加利福尼亚，然后推广到了全国各地。国会利用其预算权来制定海上石油政策，从而解决在之前的租赁过程中并未予以考虑的其他海岸使用者的需求。该政策一直持续到 2008 年，国会才未再继续延长。1990 年开始，总统已经撤销了在租赁销售计划表里待考虑的地理区域（U. S. Commission on Ocean Policy，2004）。此外，已经禁止了在海上禁捕区内的所有租赁活动。2008 年年中，总统解除了其控制范围之内剩余的撤销区域。采取这些行动的事实表明，调和石油开发与其他海岸用途之间的关系是非常困难的。由国会和总统的直接干预来解决行政或司法程序无法解决问题，这代表环境影响和收益等方面还有很多潜在矛盾。

---

① 国会暂停：国会限制内政部预算，将特定离岸区域暂停租赁。

② 总统撤销：在经慎重考虑后，总统有权永久收回某一近海地区的租赁权。

半个世纪以来，外大陆架开发的几乎所有收益都归于联邦政府所有。2005年和 2006 年，联邦法律做出了改变，厘清了收益安排，所以沿海州海上边界向海一侧区域收益的一部分，会归于该沿海州。另一部法律规定，墨西哥湾的各沿海州会获得所有湾内石油收益的一定百分比。从金钱问题的角度来说，已经取得了一些进展。

最后，由于海上溢油很容易横跨各州与联邦政府之间的海上边界，破坏各州管辖范围内的水域、渔业、湿地和海滩，所以依然存在损害赔偿和恢复的问题。《石油污染法》允许个体、企业和各级政府从溢油责任方获得赔偿，以补偿损失。如果机制是有效和公平的，就会减少问题；如果不是，各州会寻求再对海上石油开发的责任和收益分配做出改变。

海藻叛乱虽然已经发展了几十年，但远未结束，还将依次对海上石油开发的有关决策、目标和过程做进一步调整。这场争论的内在本质是，在协调海岸利益相关者之间的不同利益时，以部门为基础的管理方式所拥有的能力。

总　　结 64

数百万年前的地质过程有利于在海洋盆地边缘形成石油，这使得现在的大陆边缘成为勘探石油和天然气的一个颇具吸引力的地方。近几十年来，墨西哥湾和阿拉斯加一直在持续扩张石油钻井，这些沿海地区很可能产生新的石油供给。外大陆架的石油生产似乎在 2002 年已达到顶峰，刚好超过 6 亿桶（图 4. 1），相当于美国能源供应的 2. 5%左右。

技术的创新可以允许在更深的海域进行石油钻井，这已成为保持外大陆架石油产量的基础。目前，墨西哥湾的油井一般在水下 1 英里（1. 6 千米）或更深处，并达到海底以下 2 英里（3. 2 千米）或更深。然而，溢油恢复技术却并没有齐头并进。因此，环境风险迅速加大。石油开发技术的进步、历史上石油行业在政策决定中的主导地位、日益增强的环境意识，以及在风险和收益中感受到的不公平，所有这些叠加起来，已经构成了一种不稳定的形势。

水下土地的所有权，以及由此导致的油气收益归属，是联邦政府和各州政府之间最早出现的紧张冲突，也是最重要的一部分。1953 年的一部法律解决了该问题，其在海中划定了一条线，通常是距海岸 3 英里（4. 8 千米）的一条线，以此划分联邦政府和沿海各州的主张。但仍存在解决石油所有权的问题，紧张局势久久无法平息，海藻叛乱即证明了这一点。利害攸关的问题是：更公平的收益分配、海上和岸上环境质量，以及各种各样的社会影响。有关外大陆架钻井的决策使州政府和联邦政府之间存在相互竞争，甚至是联邦政府部门之间的相互竞争。在这些冲突的背后，是各个行业（石油、渔业、野生生物保护、旅游、住房、休闲游船、水产养殖等）关于怎样利用海岸的不同观点。

通过将更多的外大陆架收益分配给各州，要求对租赁过程的关键部分进行环境影响评估，并阐明各州在联邦一致性测定中的作用，石油租赁的政策过程已经开始着手解决海藻叛乱的关键问题。然而，最近刚解决的关于联邦一致性的争议，以及暂停/撤销出租外大陆架某区域的做法，都表明州政府和联邦政府
65 之间的冲突仍然存在。2010 年，墨西哥湾“深水地平线”钻井平台马孔多油井的溢油事故，使得许多冲突浮上台面。这些持续存在的问题表明，需要进一步修订政策，并提出了一个新的问题，即将石油开发作为一个单独的领域来管理是否有效。在下一章节中，我们将评估用以部门为基础的方式来管理航运和疏浚，其效力如何，我们还将讨论类似的冲突是怎样使政策过程陷入僵局①的。

① （政治体制中的）僵局：由于行动或进展的完全缺乏导致倒退或停滞。

第 5 章　疏浚 66

人类历史的大部分时间里，人和货物都是沿海岸移动。由于水运贸易能聚集特定地理区域内的经济活动，所以良好的港口可以催生城市。然而，为以更低的成本运送更多的货物，船舶已变得越来越大，许多情况下，甚至已超过曾经能容纳它们的港口。因此，疏浚——清除海底沉淀物——与不断变大的船舶一样，也成了航运的一部分。疏浚会改变水质、生物系统和生境。港口和城市的发展必须使环境付出高昂代价吗？本章评估了以部门为基础的管理方式在解决这一矛盾问题上的能力。

航运的发展

1847 年的时候，旧金山还是一个小村庄，只有捕鲸船会偶然逗留。1849 年，黄金的发现吸引了 800 余艘船只的到来，一切开始发生变化（Labaree et al.，1998）。淘金热、大型港口和海上运输将沿海的加州与世界其他各地连接起来，加州迅速发展起来。到 1860 年，旧金山成为了美国第 14 大城市和主要港口。当时，由于船舶的吃水深度①（吃水线和船体底部之间的距离）在 20 英尺（6 米）或更浅，所以很容易驶入港口。第一次航运繁荣时期，船舶的体积相对较小，使得这些船舶可以在广阔的遮蔽水域内航行，不仅是在旧金山附近，还可沿整个美国海岸航行。

到 20 世纪末和 21 世纪初，航运已发生了改变。煤炭和石油早已取代风，成 67
为推动船舶的能量来源，木质船体被换成钢铁。最重要的是，船舶本身变得更大，能以更低的成本运输更多的货物。到 20 世纪 80 年代，船舶满载原油和集装箱货物，往来于世界各大洋，这些船舶的吃水深度是早期停靠在旧金山港口的帆船的 2～3 倍。在加州，来自亚洲的成品，会在奥克兰港进行集装箱卸载（图 5.1）。

货物的处理方式发生了变化，这些变化对大型船舶来说变得非常重要。不

① 吃水深度：指船舶浸在水下的深度。

再是每次只将一件货物装载上船舶，而是每样物品都被装进集装箱，这一步骤可在物品制造过程中就完成，再利用大型起重机将集装箱装载到船上（Labaree et al.，1998）。在20世纪50年代，最初的集装箱是8英尺（2.4米）宽、8英尺高和20英尺（6米）长，称为20呎标准货柜。这些标准货柜很容易装上拖车进行长途运输。如今，大多数集装箱长度是标准货柜的2倍，但是操作原则仍然相同。集装箱虽然有效，但是需要大型船舶和大面积陆地用于装卸。1957年，集装箱货运的先驱开始使用一种能装载226个集装箱的船舶，吃水25英尺（7.6米），只超过帆船一点点。而如今，开始服役的新集装箱船可以托运超过1.1万个标准货柜，吃水深度达50英尺（15米），或者更深。

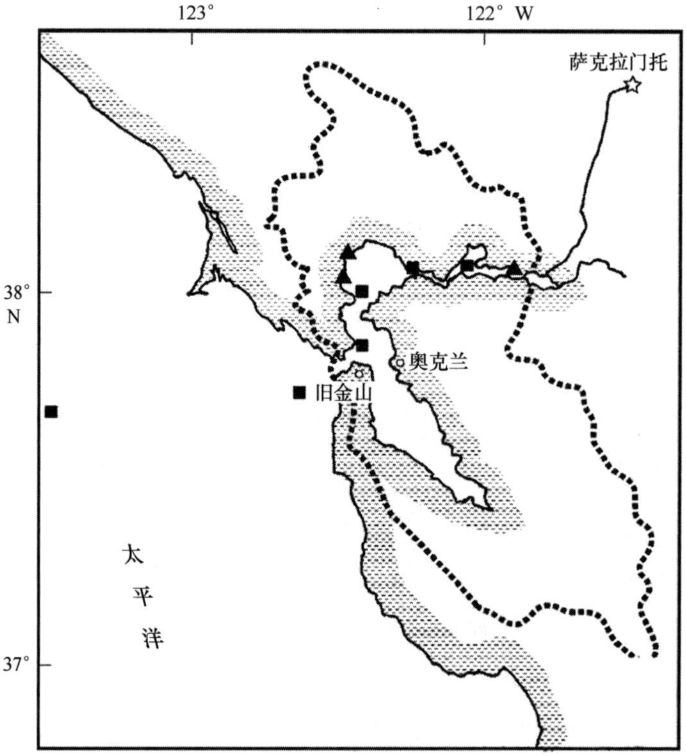

图5.1 旧金山湾①

当船舶的吃水深度达到40英尺（12米），或达到原来帆船吃水深度的2倍时，有近2/3的旧金山中部港湾地区，以及北部和南部大部分港湾，都无法再让

① 规划区域包括虚线以内的陆地和海洋区域，以及相邻的沿海水域，为维护和扩大湾内航运通道，在规划区域内指定了处理（正方形）和再利用（三角形）疏浚淤泥的地点。某些情况下，疏浚淤泥可用于再利用地点的湿地恢复。数据来源：美国陆军工程兵团，http：//www. spn. usace. army. mil/projects/ltmso&m. html。

船舶靠港。若非人为加深航道来容纳船舶，国际贸易船舶将会离开旧金山湾，转而使用其他地方的港口设施。港口的发展仰赖于航道疏浚，以使船舶可以通行，且需要频繁地填充湿地，来创建货物装卸区域。

港口扩建不仅受到地方关注，而且由于其对国家经济的作用，也具有全国性影响。1970 年，美国国际贸易总额占国内生产总值的 8%左右。到 2000 年，这一比例已经增长到 20%（Juda and Burroughs，2004）。由于大约 95%的进出口都会利用到美国港口，所以港口系统的能力直接影响了全国的经济福祉。当前和未来的港口能力都将取决于疏浚。

但是，经济因素和疏浚对沿海环境质量的影响之间必须达到平衡。 68

疏浚过程

疏浚是使港口适应船舶的过程，最早起源于 19 世纪的一些地区，一直延续至今。

疏浚机利用液压或机械手段，移除港口底部的沉积物（Randall，2004）。液 69
压疏浚机的操作如下：利用挖掘、搅动或喷水设备松动沉积物，然后通过管道抽出沉积物和海水混合在一起的泥浆，或泵进储运设备（料斗）。管道会将泥浆运输到陆地或海中的某处做处理。料斗则会从疏浚地点被移至处理地或再利用地，以排放沉积物。

机械疏浚机则是利用铲斗和起升装置来挖掘沉积物，可在码头或防波堤附近作业，并能够在移除海底沉积物时更有效地控制污染沉积物①。然而，机械疏浚机与液压疏浚机相比，挖掘速度较慢。

清除沉积物只是疏浚过程的一部分。另一部分，也是更困难的一部分，就是寻找放置疏浚物的地点。传统的疏浚和填土②中，放置疏浚物的地点主要是由经济考量来决定的。通常，疏浚物会被倾倒在港口附近的低洼地，提升陆地海拔，使其发挥巨大的商业价值。以往的疏浚和填充作业通常会使盐沼③转换成开放水域或旱地，这两种新环境都具有商业目的。

如今，精心挑选的填埋方案已经取代了无差别的填土作业。在开放水域处

① 污染沉积物：排放至环境中，并沉淀在河道、湖泊、河口及海洋底部淤泥里的高浓度污染物。

② 疏浚和填土：指将沉积物从一个地方运走并倾倒至另外一个地方的行为。这种行为需要得到美国陆军工程兵团的许可，但却往往被美国国家环境保护局否决。

③ 盐沼：植被潮间带泥或沙滩。

理时，沉积物被泵入或倾倒入水体中，再沉入水底。疏浚和水中处理疏浚物会在水体中释放大量细粒物质，被称为浊度羽流①。如果所选处理地点的底部条件含有的水流能和波浪能比较低，那么疏浚物就不会分散。但是，另一方面，如果水体底部有更高的能量条件，疏浚物会在环境中广泛散布。这些浊度羽流，加上风暴期间水体底部分散的疏浚物，会在广大区域内散布含有毒素的沉积物。

第二种处理疏浚物的方式，需要圈闭水域或陆地区域，这样在处理之后疏浚物就不会移动。这些地点被称为底泥堆场②，即允许在特定地点放置沉积物。围圩地点可能在陆地上或海岸附近。某些情况下，这些地点是通过疏浚深洞产生的，可能位于航道之下，然后再倾倒进沉淀物。其他情况下，还可能会填出岛屿或扩大岛屿。海水和沉积物混合起来的泥浆流入底泥堆场，沉积物沉淀出来，水则被排放掉。最终，沉积物会得到加固。

70

环境影响

疏浚可促进航运和当地经济发展，但也会造成大量环境成本。疏浚会破坏底栖生物群落，因为这些生物群落会随着沉积物一起被移除或掩埋（National Research Council，1985b）。而由于海底形状的改变，沿海水域的盐度和循环也会发生改变。

疏浚和疏浚物的水中处理所带来的悬浮沉积物的浊度羽流，会影响水体，并随着颗粒的沉淀而影响水底。羽流的影响范围可达到距疏浚地点 1 640 英尺（500 米）或更大的范围内，且在其影响范围内，水中悬浮颗粒物的浓度可以达到背景值的 400 倍（Kennish，1991，1997）。通常，排放的沉积物总量的 5%或更低比例会从处理地点分散开来。但无论分散到哪里，颗粒物都可能阻挡光线，而海草正是依赖阳光进行光合作用。羽流颗粒物沉降在鱼卵上，会影响其存活力。可以认为，诸如此类的影响远远超出疏浚区本身。

疏浚设备的作业路径上，不可能有生物生存。这些生物通常在穿过疏浚机的时候就被摧毁，从疏浚地被清除并运送到另一个地方。海底区域底栖生物（生活于底部沉积物之上或之中的生物）的丰度和生物多样性都在减少，这些区域经过数月到 10 年的时间才会恢复（Newell et al.，1998）。有精细流动沉积物的河口环境，经历了频繁的外界干扰和快速的再繁衍过程，据报道，恢复速率

① 浊度羽流：在水中的细长且可移动的柱状或沉淀带。

② 底泥堆场：用来堆置航道疏浚淤泥的场地设施，以防止污染物进入水域。

在6~8个月。相比之下，沙滩和砾石滩需要2年甚至更长的时间，而珊瑚礁则需要5~10年的恢复期。疏浚和处理已经改变了全国超过2%的河口底部区域，但在某些地区，受影响的区域可能高达10%（Orlando et al.，1988）。此外，沿海环境中的疏浚工程还会重新分布污染物。

直到1972年，在对人类、制造业和其他液体废弃物排入港口的处理方面，有关管理还非常有限，因此，沿海水域成为了常见的倾废场。这些污染物和沉积物颗粒一起在海底沉淀，记录了城市附近工业发展的历史。污染沉积物含有较高水平的金属、烃类、合成有机化学物质和/或营养物。疏浚会将这些长久埋藏的污染物重新带入沿海水域、生活在其中的生物群，以及污染水平没那么高 71
的新地区。最终，鱼类和其他生物都会积累毒素。

污染水平可以通过沉积化学物、毒性和对底栖生物的影响来测定（Long and Chapman，1985）。人们认为，污染水平和底栖生态系统退化之间存在相关性。事实上，美国河口的沉积物样品中有26%或以上都含有足以引起毒性作用的高化学浓度水平（Long，2000）。代表了美国7.5%河口表面积的样品，在测试时都显示出对某一种常见底栖生物的急性毒性影响。此外，美国国家环境保护局估计，美国水域的沉积物中，有10%都受到了污染，对鱼类、野生生物和人类都产生了危险（EPA，1998）。国家环境保护局还预计，每年有300万~1 200万立方码或1%~4%的疏浚物需要特殊处理。

在这种情况下，经济发展依赖于疏浚技术和处理技术，而这些技术如果没有有效的管理，就会造成严重的环境影响。总之，这种情况呈现出很多问题。因此，如今若希望通过以部门为基础的管理来尝试解决这些问题，必须在多领域进行。社会似乎期望，海岸治理在通过港口发展来推动贸易的同时，还能保护和恢复沿海环境。此外，推动港口发展或环境保护的利益团体，都能援引模糊的联邦法律条款，来支持各自的目标。在本章节的下一部分，我们将考察这些法律。最终，我们将不得不考虑，当社会在发展多个有时甚至是相互冲突的目标时，以部门为基础的管理，其有效性如何。

疏浚和疏浚物处理的相关法律

虽然天然深水港在航运发展很早的时候就受到了青睐，但通常还是都依赖于在码头附近建立深水区。到1824年，第一部与疏浚有关的法律《总勘测法案》（General Survey Act），授权美国陆军工程兵团执行疏浚作业（Juda and Burroughs, 2004)。依据 1899 年《河流和港口法》(1899 Rivers and Harbors Act),美国陆军工程兵团负责监督疏浚、填埋和通航水域的建筑物选址工作(表 5.1)。

20 世纪的大部分时间里,由于经济发展都有赖于贸易的扩大,所以疏浚通常是经济发展的代名词。

72 **表 5.1 疏浚和疏浚物处理的相关法律**

法律	组织机构	焦点
1824 年《调查法》(《总勘测法案》)	美国陆军工程兵团	执行疏浚作业
1899 年《河流和港口法》	美国陆军工程兵团	疏浚和填埋的许可,以及通航水域建筑物的许可
《公共建设工程拨款》(不同年份)	美国陆军工程兵团	资助疏浚、防浪堤等
1958 年《渔业与野生动物协调法》	鱼类及野生动物管理局	与州属机构相互协调,保护野生动物栖息地
1969 年《国家环境政策法》	美国陆军工程兵团等	确定疏浚的环境影响
1972 年《海岸带管理法》	美国国家海洋和大气管理局、美国陆军工程兵团、各州	与各州协调许可证审查
1972 年《海洋保护、研究及保护区法》①	美国国家环境保护局、美国陆军工程兵团、美国国家海洋和大气管理局	指定海洋倾废点和许可标准
1972 年《联邦水污染控制法》	美国国家环境保护局、美国陆军工程兵团	调控疏浚和疏浚物处理
1976 年《渔业保护和管理法》	美国国家海洋和大气管理局/国家海洋渔业局	调控渔业和对栖息地的影响
1980 年《环境应对、赔偿和责任综合法》	美国国家环境保护局	管理高浓度污染沉积物
1986 年《水资源开发法》②	美国陆军工程兵团	建立新的疏浚融资方案
1973 年《濒危物种保护法》	内政部/商务部	为受保护的物种和濒危物种提供咨询

① 《海洋保护、研究及保护区法》(MPRSA):控制海洋倾倒的联邦法律,该法设立了国家海洋保护区计划以限制对联邦水域的使用。

② 《水资源开发法》:该法授权美国陆军工程兵团,在国会的批准下,从事用于防洪、航行或环境目的的联邦建设项目。

不仅是航道加深了，而且疏浚物成为了陆侧开发的填埋材料来源。倾倒入 73
盐沼①或成为城市沙滩的疏浚物，并不会立刻妨碍航道，而且填土也确实为拥挤的城市中心提供了更多的土地面积。

在特定城市，疏浚和其他工程兵团的大型项目有可能创造出财富，这吸引了各级民选官员的注意力。由于美国国会决定了重大公共建设项目的选址，所以国会议员看到了给其选区带来大笔联邦资金的机会，这些联邦资金通常被称为“肥肉”② （Ferejohn，1974）。国会议员频繁换票，相互支持对方的预算案，这是一个互投赞成票③的过程。例如，如果一名来自亚利桑那州的代表希望该州的大坝工程获得一名来自马萨诸塞州代表的相互投票，那么他就会投票给马萨诸塞州的疏浚工程。国会的层级结构，使得委员会主席在决定财政资助时能行使特别权力，他们往往优先考虑自身选区。所有这些“肥肉”已经为代表们带来了投票，但国家的最终利益则存疑。

如上所述，公共建设工程的资金有赖于对个别议会议员和国会小组委员会，以及那些与港口有关的商业利益团体的刺激。这是一种铁三角的关系（图 5.2），三个顶点分别是联邦机构——美国陆军工程兵团、控制公共工程和预算的国会小组委员会，以及港口航运/经济发展相关利益团体。商业团体与政府合作，确认所需的航道深度，并与国会议员合作，以确保规划和预算的审议已囊括特定港口的需要。通常，这一三角体系运作最成功的例子，都是将重点放在航运和经济发展，而不是环保上。这个三角形的第二个顶点，即国会小组委员会，会为商业利益团体提供好处，而这些议员也会获得这些利益团体的竞选捐赠。同时，该小组委员会将在知道资金会流向有利的国会选区的情况下，控制和编排陆军工程兵团的预算。三角形的第三个顶点是美国陆军工程兵团，通过迎合特殊利益团体和国会议员的需求，陆军工程兵团有望提升其预算和项目，以及机构自身的地位。

然而，到 20 世纪 60 年代，公众已开始关注疏浚的环境影响。许多人了解到
盐沼的内在价值，以及盐沼通过食物、娱乐和美学所提供的多样性利益。此外， 74
越来越多人认为，不应通过疏浚物填埋来“改善”盐沼，社会需要采取措施来保护湿地和泥滩，因为这些区域提供了野生生物的栖息地，并含有其他价值。总之，阻止湿地等沿海系统的巨大损失才是重点，但这与商业利益最大化（即

① 盐沼：植被潮间带泥或沙滩。
② 肥肉：在政治竞选或投票过程中，通过给候选人资金支持的方式，达到为自己换取政治支持的目的。
③ 互投赞成票：交易承诺互相投赞成票以通过对其有利的立法实践。

将这些湿地环境转换成陆地或海洋景观）相抵触。这一价值观的重要转变形成了许多新法律的制定意图。

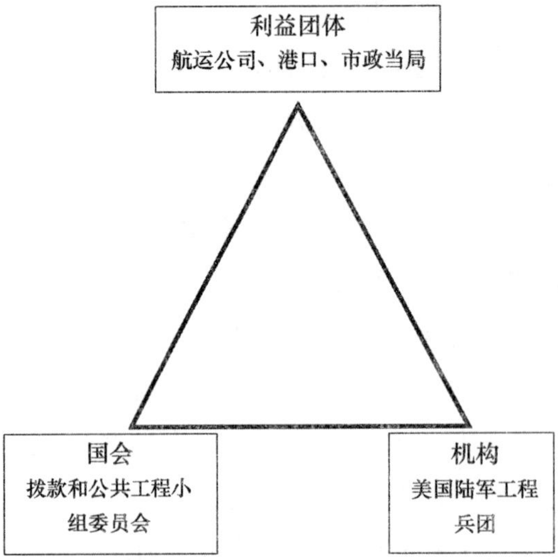

图 5.2　疏浚铁三角①

75 例如，1969 年《国家环境政策法》要求联邦机构在采取会影响环境的重大行动之前，先要完成环境影响报告。根据新规定，陆军工程兵团在做出疏浚决定之前，必须与其他机构相互磋商（Burroughs，2005）。环境影响报告这一流程，迫使陆军工程兵团考虑沿海环境的健康，而不是只基于经济因素或特定利益团体的需求做决定。

1972 年《海洋保护、研究及保护区法》中有关海洋倾倒的条款规定了环境问题可以以什么样的方式影响疏浚物的倾倒。在该法通过之前，油漆制造、污水处理和疏浚淤泥中的有毒物质都是直接倾倒进海洋。美国总统的环境质量委员会（1970）指出，1/3 的疏浚物都受到过污染，疏浚和疏浚物处理作业会导致大规模的污染物再分布，后果无法估计。在这一点上，环境和经济之间的优先次序的冲突变得更清晰。为解决这一情况，法律授权陆军部长有许可向海洋倾倒疏浚物的权力，法律上的表述为，只要“不会不合理地降低或危害人类健康、福利或设施，或海洋环境、生态系统或经济潜力”（MPRSA section 103 or USC 33 section 1413）。

① 私营利益团体、港口和市政当局协助陆军工程兵团，并影响国会的审议。如果成功，三角关系内的各方都会获益，因为国会代表通过控制陆军工程兵团更高的疏浚预算，会为其选区获得资金，而这笔预算对社区、港口和航运公司都有利，因为有更好的基础设施，就能运输更多的货物。

1972 年《联邦水污染法案修正案①》，现在被称为《净水法案》，将这种处理方式扩大到疏浚和疏浚物处理的其他方面。该法整合了美国国家环境保护局和陆军工程兵团在距海岸 3 英里范围内的疏浚物处理活动（图 5.3）。陆军工程兵团的汇报对象是陆军部长，如果某一行动“只会造成很小的不利影响”（FWPCA section 404 or USC 33 section 1344e），陆军部长就会颁发疏浚和填土的一般许可证。疏浚物处理的有关活动可能会影响州属水域内的水质，因此需要得到各州的同意，通常是州属环保部门来完成。

同时，美国国家环境保护局还规定了陆军工程兵团使用的标准，以评估倾废活动的影响。具体来说，陆军工程兵团在决定是否颁发许可证时，会考虑该项倾废活动对海洋生物、生态系统和海洋区域其他用途的影响。美国国家环境保护局如果发现不符合环境保护标准的情况，就会阻止陆军工程兵团颁发许可证。此外，工程兵团和国家环境保护局会共同监督倾废地点的选择。法律通过在海洋倾倒疏浚物的许多方面发挥国家环境保护局的作用，正式承认了环境问题的存在。

如图 5.3 所示，内水包括基线以内的海湾、河口、河流和湖泊。基线是沿岸 76
的平均低潮线，并绕过海湾湾口。领海②为向海延伸至 12 海里（19.3 千米）的区域。《净水法案》和《海洋保护、研究及保护区法》共同规定了所有沿海地区的疏浚物处理或再利用，如图 5.3 所示。

国会还通过了一系列法律，力图保护野生生物免受疏浚和疏浚物处理的威
胁。由于水鸟筑巢和喂养后代与疏浚和填土是在同一片湿地，冲突几乎是不可 77
避免的。1958 年的《鱼类与野生动物协调法》，通过要求共同规划野生动物保护活动与疏浚活动，而将这两种活动置于同等地位（Juda and Burroughs，2004）。美国鱼类及野生动物管理局和国家海洋渔业局会找出疏浚作业造成的潜在问题，并提出替代方案，尽量减少问题。

随后，1996 年的《可持续渔业法案》建立了保护鱼类生境的流程，这是原来 1976 年《渔业保护和管理法》③ 的再授权法案。许多水生生物会在生命的不同阶段转移位置，这使得它们面对各种环境下的生境退化，都会很容易受到伤

① 也可译为《联邦水污染控制法》。——译者注

② 领海：靠近一国陆地领土的海洋部分，该国在自己的领海内享有主权下的通过权利。美国领海从海岸向外延伸至 12 海里。

③ 《渔业保护和管理法》（FCMA）：该法规定将渔业保护区扩展至 200 海里（约 370 千米），并建立了 8 个区域性质的渔业管理委员会，为具有商业和观光用途的重要物种设立管理计划。

害。为避免这种风险，陆军工程兵团在承接一个可能会对重要生境产生负面影响的项目时，会与国家海洋渔业局和渔业管理委员会①协商。

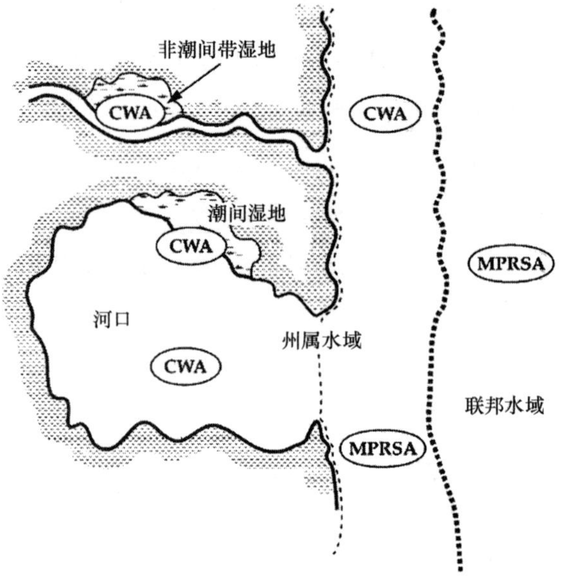

图 5.3　疏浚物管辖界限②

到 20 世纪 70 年代后期，不仅规范疏浚活动本身的压力在增加，改变疏浚资助方式的压力也在增加。许多人认为，联邦政府不应再承担疏浚、大坝等大型项目的所有费用。尽管这些项目可能是为了国家利益，但也以提供建筑工作机会和后续商业活动的形式给当地带来了重大利益，所以迫切需要地方捐助等融资方式。没有融资，综合性公共工程议案的通过就无法在政治上成为可能。1986 年的《水资源开发法》要求地方实体支付新疏浚项目费用的 10%～50%（Burroughs，2005）。一旦航道完成疏浚，由于沉积物的自然流动，还会开始重新积淤，所以航道还必须进行疏浚维护。按照新法律的规定，联邦政府保留对深达 45 英尺（13.7 米）的联邦授权航道的疏浚维护责任。

通过将部分资金筹集责任转移给地方实体，新法律对环境保护起到了重要影响。根据 1992 年《水资源开发法》修正案，联邦政府可以支付高达 75%的成

① 渔业管理委员会：由包括渔民在内的利益相关者组成的决策实体，确保为渔业设立的管理措施得到国家海洋渔业局及商务部长的批准和实施。

② 基线（沿海岸并隔离了海湾的细虚线）以内，疏浚物处置点受《净水法案》（CWA）管理。在基线及向海一侧的州属水域［粗虚线，通常是基线向海 3 英里（4.8 千米）］范围内，填埋适用《净水法案》（CWA），而倾倒则适用《海洋保护、研究及保护区法》（MPRSA）。联邦水域内（粗虚线向海一侧），疏浚物倾倒由《海洋保护、研究及保护区法》（MPRSA）来规制。两部法律重叠的区域则适用统一的联邦规定。

本费，用于加强疏浚物处理的相关环保工作（Blume, 2002），包括为出现侵蚀问题的沙滩添加沙子，或为湿地恢复提供沉积物等有益用途①。最初，联邦政府只提供了象征性的资金来实现这一目标，因为不是所有人都赞成这一点，即改善环境的资金是合乎情理的。后来，法律进行了修订，鼓励进一步思考加大疏浚物处理方面的环保力度，只要湿地恢复、海岸线侵蚀的保护或其他活动的益处 78
超过了成本的付出。

在近两个世纪的时间里，与疏浚有关的法律框架在环境影响、国家利益和地方对成本的分摊等方面经历了显著变化。1824 年之前，是由各州和地方实体来完成疏浚工程，并支付相关费用（National Research Council, 1985b）。1824 年到 1986 年，按照法律，陆军工程兵团承担了相关责任，包括加深联邦批准的航道，相关维护工作，以及两者的成本费用。1986 年之后，法律又发生了变化，增加了地方在资金方面的参与，并明确认识到，作为疏浚作业的一部分，环境保护工作也需要得到资助。

规范污染沉积物的处理

污染沉积物的安全处理，需要仔细评估污染程度及其对环境和健康的影响。管理体制指定了污染阈值，这些阈值能触发与污染程度成比例的连续限制性选择方案。执行监管制度的理想方式是，干净的沉积物需要有限评估为先导，以达成管理决策；相反，可能或已知为受污染的沉积物，则需要在做任何处理决策之前完成额外的昂贵测试。这一方法在政府手册中得到了详细描述，根据《海洋保护、研究及保护区法》和《净水法案》中的倾废规定，该手册确定了相关监管流程（EPA, 1991; EPA and U. S. Army Corps of Engineers, 1998）。来自城市或工业区的港湾沉积物，几乎总是需要某种形式的生物富集②测试（专栏 5.1）。

有一系列的沉积物处理技术，能从海洋系统中高质量地分离更多的有毒沉积物。在污染程度比较极端的情况下，水下超级基金适用的位置已明确需要被特别谨慎对待。一般情况下，随着所观察的污染程度的提高，实施可接受的解决方案的费用也会提高。污染程度很低或者没有受到污染的疏浚底泥，则是宝贵的资源。疏浚底泥的用途由其颗粒大小决定，而颗粒大小决定了物质的物理

① （废弃土方的）有益用途：指将废弃土方用于诸如建造海滩或湿地而非直接将其抛弃的处理办法。
② 生物富集：化学物质在生物体细胞或组织中的积累过程。

性质。海底的砂石沉积可用于常规建筑或沙滩修复，干净的淤泥和黏土则用于湿地恢复。

79

专栏 5.1 生物富集测试

由于近来城市港口的沉积物几乎都含有金属、合成有机物和其他毒素，所以疏浚物的处理需要特别谨慎对待。许多情况下，法规要求对与疏浚物有关的生物影响进行实验室测量。将拟进行疏浚的沉积物放置在尽可能与其所处自然环境相似的实验室环境中，以确定在污染沉积物中生长的底栖生物的生物富集性。10 天或 28 天后，对从生物体内提取的组织进行金属和/或合成有机物质含量分析。这一过程是假设，如果沉积物中的毒素达到有害程度，那么生物过程会将毒素传递到被测试生物体的组织中。如果组织样品中观察到的毒素水平超过允许的阈值，那么疏浚物处理计划将必须包括污染沉积物的特殊处理，某些情况下，还需要从海洋环境中完全分离污染沉积物。

按照陆军工程兵团的规定，许多情况下，低污染程度的沉积物可以做海上处理。为减少排放到环境中的毒素，一些人主张，在污染沉积物顶部放置干净的填埋物（Kennish，1991，1997；Randall，2004）。这一过程被称为封盖（加盖）①，据报道，最好是在疏浚物顶部放置 1.6 英尺（0.5 米）或者更多的干净沉积物，且封盖不会被波浪和水流冲走。人们期望封盖可以减少疏浚物中溶解态污染物的排放，防止污染颗粒在水中再悬浮或流动。某些情况下，也可利用海底的自然下沉；其他情况下，比要求的航道深度挖掘得更深，可以产生洞或者槽，用于倾倒污染物，然后填上干净的填埋物。在沉积物的污染程度很高，以致封盖并不可取的情况下，远离海岸的安全填埋场被认为是唯一可接受的处理方式。

僵　局

每个曾陷入过交通堵塞的人都会承认，当路口发生堵塞时，所有方向上的运动都会停止。以部门为基础的海岸管理也会发生僵局。航运、疏浚、环境质

① （用疏浚物）封盖：重新利用干净的疏浚物覆盖受污染的沉淀在海底凹陷处的疏浚物。

量、渔业和其他需要之间的竞争，与许多车辆试图同时通过路口的情况是一样的。

在疏浚活动中，当是选择沉积物处理还是沉积物再利用的方案时，也会出 80
现僵局。在这一点上，社会中的不同部门都是从自身需求的角度来审视最终决定的。由于价值观的多元化，且推动各种价值观的利益相关者的数量也在增加，所以僵局的可能性也增加了。由于项目的赞成者或反对者之间无休止的争论，项目始终原地踏步，通常都是在法庭上最终见分晓。为了解这些现象，我们将总结加州奥克兰市的情况，然后利用这一情况以及其他港口的经验，来确定造成僵局的关键问题。

许多城市都面临了经济发展和海岸环境质量这两种需求相竞争的情况，旧金山湾和奥克兰，特别是后者，就是这种两难情况的很好例子。1971 年起，奥克兰港就开始计划将航道深度从 35 英尺增加到 42 英尺（10.7 米增加到 12.8 米），但是由于疏浚物处理的有关冲突，在达成最终决定之前已经过去了近 30 年。到 20 世纪 80 年代后期，奥克兰通过少量的疏浚作业，还是努力赶上了日益增长的船舶规模，但是集装箱船只能在高潮时靠港，然后装载部分集装箱，港口的未来充满不确定性（Kagan，1991）。货主们发现，华盛顿州或南加州似乎更值得信赖，所以奥克兰的港口工作机会很可能会减少。为什么不简单地挖深航道呢？因为似乎没有好的方法来解决疏浚活动所产生的污染沉积物，同时又不会造成严重的环境破坏。

最终，这些问题都是通过复杂的谈判来解决。进行初步讨论之后约 27 年，联邦项目资金到位之后约 12 年，航道才加深至 42 英尺（12.8 米）（Kagan，2001；Busch et al.，1998）。支持者和反对者在一定程度上解决了他们之间的矛盾。从操作层面上来说，这意味着技术解决方案满足了机构的任务、利益团体的需求，并解除了对科学不确定性的担忧。这些技术方案包括，利用最初提议的海湾地点、经批准的投海处理地点和高浓度污染沉积物的陆上处理地点，以及用作萨克拉曼多河（Sacramento River）三角洲的湿地恢复（图 5.1）。

奥克兰经历的变化在美国各地港口反复重演。这些情况都阐明了，以部门为基础的管理在疏浚物处理中所体现的关键问题。

不可避免地，疏浚物处理成为了各种价值观之间的较量。视航运为经济发展之路的人希望，疏浚物处理方案不会限制商业的发展，而将环境质量视为首要任务的人，则希望污染沉积物不会影响海洋生物、生境、泳客和其他沿海 81
活动。

通常，这些价值观会渗透到如下问题中：什么是科学上已知的？已知的程度如何？多大程度的污染会造成严重问题？将沉积物转移到新的地方会对环境和健康造成什么影响？不幸的是，科学并不总是明确的：污染程度的不确定性比比皆是；控制污染物方面的有效性；以及为获得一定程度的安全所付出的成本。

《净水法案》以多种方式来确定污染沉积物。例如，如果实验室测试表明生物富集超过了食品和药物管理局规定的可供食用标准，或者急性毒性占一定少量比例，那么就会认为沉积物的污染太过严重，无法做投海处理。确定哪里的沉积物属于该类污染沉积物，并清除这些沉积物，都需要视具体情况而定。将这些标准与一贯适用的标准即允许污水处理厂管道排放的大肠菌群水平做比较，会发现后者是明确的，而前者则很难识别，适用也很复杂。

当不同的价值观和科学不确定性结合起来，则很难界定明确的标准，并依此规制相关活动。一个人的预防措施可能对另一个人来说是过度规管。不确定的管理和司法决议若偏袒一方，很容易形成僵局，而不断增加的对科学确定性的需求，也会很容易形成僵局，因为科学确定性掩盖了潜在的价值冲突。

我们的法律结构使得疏浚支持者与环保支持者之间产生了相互竞争，但未能提供有效的结构来达成妥协，以及有凝聚力的解决方案。根据法律规定，陆军工程兵团和国家环境保护局有望解决各种利益团体之间的价值观差异，这些差异在制定标准时很有可能体现出来。但有时，这两个机构之间也很难达成共识。此外，还涉及其他行政部门，以及州政府或地方政府的有关机构。以部门为基础的管理正以这样一种方式在发展：有不同法定义务，不同支持者，在不同层次工作的不同机构，经常怀着相反的目的在工作。

在奥克兰，有记载显示，一个单位否决了其他单位结论或行动的情况，就出现了十几次（Kagan，1991）。陆军工程兵团、奥克兰港和地方利益团体建议，为满足航运行业的需求，需要进行疏浚活动。而美国鱼类及野生动物管理局、
82 国家海洋渔业局、州级渔猎局、联邦国家环境保护局、州级水质管理机构、加州海岸委员会和旧金山湾保护和发展委员会则从其实施各种法律的角度，来审查拟议疏浚活动所产生的影响。这些机构加上半月湾（Half Moon Bay）渔民营销协会，都反对在各种不同的地点放置疏浚物。如果没有明确的标准，有不同价值观的人会赞成不同的行动方案也很正常。

当这些理解存在显著分歧，就会导致诉讼。最后，如果每个部门都希望自身的需求成为主要需求，而法律并未确认应当满足哪种需要，那么就会产生僵

局。其中一个例子就是对抗性法条主义[1]，其特征是缺乏有关可接受的环境风险的权威性决定，而且对疏浚活动来说，往往需要逐步的更昂贵的处理技术（Kagan，1991）。许多法院质疑机构的决定，而达成解决方案往往需要很多年，这一事实也说明了这种僵局的存在。对抗性法条主义的成因如下：多机构之间决策权的分散[2]，对科学确定性的需求并不容易满足，以及有限的监管自由裁量权。各个机构和整个过程会退入到法律防御，而且不幸的是，决策过程会受到榨取，任何利益都可占据上风。没有明确地拒绝疏浚活动，也没有疏浚物处理的最佳环保方案。此外，这种对抗程序耗尽了大量资源。

持久的改变?

尽管分歧持续了近 30 年，加州人还是通过一系列复杂的价值观和甚至更烦琐的制度，成功适当地处理了疏浚物。但他们是持久地改变了疏浚物处理的程序吗，或者只是通过协商，排除了特定地点的分歧？为考察这些问题，我们将在国家变迁的背景下，评估奥克兰的情况。

有几个因素导致了奥克兰争议的最终解决，尽管还有更深层次的、系统性的问题仍未解决。首先，随着争论的一再拖延，加州的经济出现了下滑，给航道的加深造成了额外压力（Busch et al.，1998）。其次，法律规定的公开听证会，只是在疏浚规划制定之后才举行，这导致一些市民，尤其是关心环境影响的市民，感觉被剥夺了公民权。为了在做出重要决定之后参与其中，利益相关者会 83
援引一些法律条文，来支持其利益，并证明需要中止整个过程。因此，设计了种种新方法，以便在决策过程的前期就引起公众关注。陆军工程兵团发起了一个长期管理策略组，以讨论疏浚项目。第三，一些人开始并不只是将疏浚物视为废弃物，而是一种适合有益用途的物质（Kagan，2001）。具体来说，疏浚物可用来恢复旧金山沿岸的野生动物栖息地。从其支持者的观点来看，如果方案设计得当，沿海地区填土工程会恢复湿地生境。最后，国家环境保护局会定位过去已经倾倒了更多有害物质的海洋区域，并将其指定为新的海洋倾废区，进一步减轻寻找处理地点的负担。

---

① 对抗性法条主义：由律师所主导的一系列辩护程序，包含辩护策略的制定实施、解决争议，从而帮助当事人证明自己是被冤枉的。

② （政府的）分散：政府机构（行政、立法、司法）间的权力分立，州政府与联邦政府间的权力分立，每个州或联邦层面部门/机构间或国会委员会间的权力分立。

除了加州的这些变化外，国家在规划过程方面的改革也与奥克兰的积极改进相呼应（Juda and Burroughs, 2004; Kagan, 2001; Busch et al., 1998）。新的方式连接了地方、地区和国家政府，包含了之前在法庭上角逐的各种利益团体。

美国运输部和其他几个机构在20世纪90年代中期建立的国家疏浚协作组（National Dredging Team），多年来一直为疏浚物管理及其他主题提供建议，这些主题包括针对每个港口有价值的特定项目。这一联邦跨机构工作组可以为疏浚决策做规划、进行协调，并降低其中的科学不确定性。港口、州级或地区性的疏浚组，可以减少由地方利益团体分歧所引起的分裂。尽管不是所有的地区都采取了这种方法，但这一概念对愿意选择它的人来说仍是可以利用的。

当地方当局被迫为疏浚工程的投资承担更大的责任时，他们也希望尽可能参与到决策过程中。卡特总统和里根总统都不愿意按照过去的铁三角[1]和“肥肉”拨款方式来批准水利工程法案[2]，直到1986年，国会同意了新的投资途径，这就是《水资源开发法》。在新的安排下，地方赞助商支付10%~50%的疏浚工程成本，具体比例取决于航道的深度。更深的航道则需要当地承担更多的成本。诚如过去，联邦政府会支付定期的航道疏浚费以保持航道深度，除非航道深度
84 超过45英尺（13.7米），达到这种深度时，地方会承担疏浚一半的维护成本。地方政府需要承担至少一部分成本的预期，使得地方政客在投资可疑项目的时候保持谨慎。最后，该法案鼓励国会做出更好的投资决策。

在《水资源开发法》随后的几次修订中，也处理了应当由谁来支付项目费用的问题，这些项目在环保方面都有所加强。此前，陆军工程兵团已把重点放在成本最低的可接受方案上。但可接受性是由评估者来评判的，且许多地方社区对结果并不满意。1992年，该法得到了修订，因此在对环境有益的解决方案中，联邦政府可以提供增量成本的75%。到2000年，修订后的法律开辟了将疏浚物出售给政府机构和私人团体的可能性。疏浚公司很早就认识到河流和海底的沙土和砾石的价值，应用广泛。不仅干净的疏浚物可以用于建筑施工，而且精细颗粒物还可以多种方式来提高环境质量，如在湿地建设中使用。

在奥克兰争议期间和之后发生的全国性的持久改变包括：通过疏浚组让各种利益团体更早地参与到政策过程中，并要求地方参与投资疏浚工程。这些积极的改变进一步赋予了地方社区在未来影响海岸的权力。然而，这些过程的改

① 铁三角：一种具有特定风格的亚政府状态。在其中，利益被监管方、利益监管方与影响利益的政策制定方（如国会相关委员会）共同加强彼此的关系。

② 法案：尚未获得众议院、参议院以及总统批准成为正式法律的立法提案。

变并不能解决社会中潜在的价值冲突，或在以部门为基础的管理中定期爆发的冲突，这使得环境保护与通过疏浚获得的经济发展之间产生了相互竞争的关系。除以部门为基础的管理方式外，本书后面的部分还会阐述其他管理方式。

总　结

本章节阐释了两类问题。第一类问题包括疏浚物的处理和再利用是否能够找到足够的科学和技术上的替代方案；第二类问题的出现是因为，以部门为基础的管理无法及时有效地解决围绕疏浚和填土的不同价值观之间的冲突。在此，我们已经看到了，利益相关者之间的意志力较量是如何导致僵局的出现，正如几十年来在奥克兰发生的情况一样。

虽然更大体积的船舶和更高效的港口提振了国家经济，但也可能降低沿海环境质量。为大型船舶挖深航道，就需要为疏浚物寻找堆放地，且其中一些疏浚物还可能是受到污染的。这个问题引发了重要的选择。如果无法找到有关疏 85
浚物处理的可接受解决方案，那么某一地区内的港口和船舶扩张将停止。相反，有关疏浚物处理的不良决策，将不可挽回地损害海岸环境。

目前美国的疏浚物堆放方法，依赖于多个权限范围内至少十几种不同的法律规定（表 5.1，图 5.3）。由于疏浚工程促进了国家经济增长，所以这些工程项目通过陆军工程兵团，得到了联邦政府至少部分的资助。然而，其他法律却要求检测沉积物中的生物富集性，这可能表明，无法找到可接受的疏浚物海上堆放点。如果疏浚项目得到推进，航运部门会受益，而环保部门将受损。表 5.1 中许多相互竞争的法律都在重复类似的冲突。此外，一些利益团体已经有效地将自身安插进疏浚铁三角中（图 5.2），这使得他们有参与到决策过程中的特殊权利。在这种背景下，有不同视角的各机构有望合作达成协议。随着利益团体或部门主张采取不同的行动，政策过程推进的关键方面——选择一个有约束力的解决方案——可能而且已经成为僵局。

然而，无论是在全国还是在旧金山湾地区，都已发生了一些积极的变化。这两种情况下，疏浚组都为利益相关者的参与创造了更多的机会。《水资源开发法》的改变，使得联邦政府资助了至少部分更环保的解决方案。这些变化结合在一起，可以解决一些问题，正如奥克兰疏浚一样的难题，但利益相关者之间更深层次的分歧则尚未解决，这些深层次的分歧很容易一再涌现，因为有多个法律和价值观相互博弈。

此外，通过更好的量化环境影响，并选择更清晰的沉积物质量标准，可以改进疏浚决策，这两点都会缓解决策过程中的混乱。如果采取更明确的生物富集标准，决策将会更清晰，且根据具体情况来澄清形势的法律挑战也会减少。没有这样的标准或其他达成共识的手段，对抗过程会一直持续。

根据第 2 章节所述的政策过程，若无法制定并商定一项广泛接受的解决方案，就会产生僵局。

86 由于以部门为基础的管理是从个别部门的需求，而不是更广泛的共同利益着手，且不同部门的需求之间通常是相互对立的，所以这会引发僵局并不令人奇怪。在疏浚物处理中，部门之间相互争执，已被延误的行政和司法程序试图制定出大部分人都能接受的解决方案。我们将在下一章节讨论以部门为基础的管理在解决湿地保护问题上效果如何，以继续探索这种管理方式的有效性。

第 6 章　湿地

湿地连接着陆地和海洋，连接着自然和社会。面积广阔的盐沼①和红树林②，提供了重要的生态系统服务③，但一直深受人类活动的破坏。因此，若没有密切关注对这些区域的管理，任何海岸治理方式都是不完整的。

海岸湿地是人们看重并利用的自然系统，为了确定以部门为基础的管理在湿地管理方面是否有效，我们将考察海岸湿地的情况。不幸的是，随着人类活动的扩张，海岸湿地和红树林的健康状况似乎有所下降。管理成为了利用和保护生态系统之间的平衡行为。此外，管理湿地的法律和机构是一个条块分割的体系，这使得方案的实施相当困难。这些及其他因素共同导致海岸湿地状况每况愈下，尽管其目前的恶化速度不如过去的快。

海岸湿地的性质

美国南部的墨西哥湾沿岸有许多盐沼和红树林。在中纬度地区，盐沼植被的生长占有优势，并向南延伸到海湾地区。与红树林不同的是，盐沼植被能够在冬季的严寒条件下生存，这使得整个东西海岸和远至阿拉斯加州的地区，都生长有盐沼植被。红树林中的特殊树种可从热带向北延伸至墨西哥湾（Mitsch
and Gosselink, 2000; Day et al., 1989），沿佛罗里达州西南部和得克萨斯州南部 88
生长。密西西比三角洲还发现了小块红树林地区，但这一海岸地区占主导地位的却是盐沼。事实上，有人估计，美国大陆的 48 个州中，海岸盐沼有 40%都生长在密西西比河三角洲地区。

无论是草地还是树木，湿地植被都是在沿岸的咸水中生长，潮水的涨落带来了营养物质，也带走了废弃物。湿地植物有专门处理盐分的能力，以及在缺氧土壤中生长和在浸水环境中繁衍的能力。

---

① 盐沼：植被潮间带泥或沙滩。

② 红树林：在低能热带和亚热带潮间带生长的耐盐树，通常生长在岛屿的下风岸和潟湖内。类型包括红皮、黑皮和白皮红树。

③ 生态系统服务：人类从自然作用系统中受益，包括如食物供给、调节气候、通过休闲的文化涵养等方面，以及支持如物质循环等活动。

在佛罗里达州西南部，沿海岸生长的占主导地位的植被是红树林，通常发现的有三个品种：黑皮红树（*Avicennia germinans*）、白皮红树（*Laguncularia racemosa*）和美洲红树（*Rhizophoria mangle*）（Day et al.，1989）。防护林带位于陆海交界处，塑造了海岸的位置和类型。在其所处环境中起到显著作用的生物体通常被称作生态系统工程师①（Mitsch and Gosselink，2007）。这些生物体通过将物质从一种形式转变成另一种形式，或通过改变生物体自身，来塑造它们自身栖息的环境。佛罗里达州西南部的红树林就属于这一种生物体，因为它们会将营养成分转化成植物物质，而且随着植物的生长，红树林还会影响水流和其他物理环境的元素。

密西西比河下游三角洲的西部和北部地区，沿岸占主导地位的是盐沼。通常，地表高度决定了有哪些湿地植被的物种可以生存，因为水会影响其生长条件（Mitsch and Gosselink，2000）。因此，光滑的带状草地（互花米草）生长于最接近小溪或海岸的低洼湿地，而盐草甸带状草地（狐米草）则生长于接近高地的高沼地。还有数种植物都可归为这类，它们的存在通常是由其接触水的根部的耐盐度所决定的。只要有足够的矿物质土壤供给，陆海边界可能会随着这些植物的生长而向面海的一侧移动，从这个意义上来说，它们和红树林一样，都是生态系统工程师。

除了塑造海岸，湿地还有许多重要的生态功能。湿地可以供养生长在土壤上或土壤中，以及植物表面的藻类。盐沼植物会为其他生物提供保护，而且这些植物脱落的丰富植物碎屑，也成了湿地栖息者的主要食物来源。此外，根据条件，盐沼还可作为营养物质的来源或储存槽。盐沼和红树林能以不同的形式
89 输出碳素，但相反，对其他物质来说，温带湿地在某些情况下可作为储存槽，还可以隔离20%~30%的金属径流（Rozan and Benoit，2001）。在墨西哥湾，湿地碎屑有助于为商业和娱乐业捕捞的鱼类供给食物，而红树林栖息地也供养了百余种鸟类。

海岸湿地的价值

近年来，出现了关于生态系统一般价值，以及海岸湿地生态系统特殊价值的争论。许多讨论都集中在生态系统所提供的服务方面。广义上来说，生态系

① 生态系统工程师：指那些创造或改变栖息地的生物体。

统服务包括“自然生态系统及其组成物种，维持和满足人类生活所凭借的条件和过程”（Daily, 1997, 3）。更具体地说，生态系统服务包括水源净化、氧气的供给、风暴影响的减轻、废弃物的分解、沉淀物/养分的运输/处理、对人类文化的支持和美学。此外，湿地还通过进化和生产来提高生物多样性[①]（Ewel, 1997）。生产包括为科学、美学或象征性目的（通常不需要杀害生物体），得到或利用野生动植物、木材和纤维。湿地可以完成碳、氮和硫元素的循环。最后，许多人重视海岸湿地的存在，即使他们并不在海岸附近居住，或游览海岸，但还是希望确保这一环境将永远存在。

价值体现在三个尺度：生物种群、生态系统和生物圈（Mitsch and Gosselink, 2007）。首先，在生物种群尺度上，木材、干草、鸟类、鱼类、贝类、爬行动物和哺乳动物的获得使许多人受益。此外，湿地是许多濒危物种的家园。

这些濒危鸟类中，有一些两个世纪前就被约翰·詹姆斯·奥杜邦（John James Audubon）的画作所记录。1831—1832 年，奥杜邦游历了佛罗里达州，并通过一系列铜版画记录了红树林中丰富多彩的鸟类生活（Siry, 1984）。引起奥杜邦注意的鸟类中，有许多后来都受到帽子及其他时尚作品的高度重视，以至于捕猎活动威胁到了一些濒临灭绝的物种。到 1886—1889 年，以奥杜邦命名的国家社团，已获得成千上万的不杀鸟或穿戴鸟类羽毛制品的承诺。最后，政府方案不仅保护了鸟类，而且也保护了其栖息地。这种早期的遭遇将人类的利用 90
与湿地的影响连接了起来，而且证明了政府内外的集体行动可以而且确实保护了湿地和其中的栖息者。

其次，在生态系统尺度上，湿地抵御了洪水和飓风的破坏。湿地能储存多余的水，而且由于湿地的存在和植被的覆盖，起到了减轻风暴潮向内陆流动的作用。某些情况下，渗透进湿地的水分会与土壤和植被相互作用，改善水质。此外，许多人很看重原生态海岸湿地的美感。

在密西西比三角洲，对湿地的直接破坏会引起全国关注，并凸显了湿地对风暴潮衰减的价值。三角洲表面非常有限的沉积物堆积，地下水的抽取，再加上航道的积极建设，这些因素结合起来，增加了海岸侵蚀和相对海平面的上升。其结果是盐沼大面积消失。2005 年，卡特里娜飓风和丽塔飓风登岸，湿地作为风暴缓冲区的价值开始变得很清楚。卡特里娜飓风淹没了新奥尔良，整个墨西哥湾有 1 500 余人身亡（Day et al., 2007）。当飓风横扫陆地时，由于飓风中心

① 生物多样性：指包括同一类物种的基因多样性，以及同一生态系统中的物种多样性在内所有层级生物多样性的组织。

的低气压及伴随的狂风，会带来水位很高的风暴潮。新奥尔良东南部测得的风暴潮有 20 英尺（6 米）高（Day et al.，2007）。健全的盐沼和红树林对减轻风暴潮危害非常重要。

2005 年的两次飓风形成了一个有趣的对比。最不幸的是，卡特里娜飓风在登陆新奥尔良之前，途经的是开阔水面、退化的湿地和大规模建设的航道。丽塔飓风的登陆路径则更偏西，在到达人口密度较集中的地区之前会经过更大面积的湿地。观察丽塔飓风的路径可以发现，风暴潮在经过湿地时，每经过 1 千米会下降 4.7 厘米。在其他案例中，完整的湿地还可以使飓风每经过 1 千米就降低 7.9 厘米（Day et al.，2007）。丽塔飓风在湿地中行进超过了 18.6 英里（30 千米），这意味着风暴潮可以降低 3 英尺（1 米）多，湿地景观提供了有效的生态系统服务。而卡特里娜飓风的路径中则较少存在湿地，所以在接近新奥尔良时风暴潮衰减得很少。其结果是对城市造成了比有丰富健全盐沼的情况下更大的伤害。在新奥尔良发生的洪水悲剧，向人们展示了健全的海岸湿地的重要性，并引发了大量的湿地恢复计划（专栏 6.1）。

91 **专栏 6.1　卡特里娜飓风和湿地**

2005 年，当卡特里娜飓风迅速席卷海洋、盐沼和新奥尔良的时候，很少有人考虑到湿地的作用。可怕的风暴、生命的死亡、人类遭受的巨大伤痛，以及被淹没的无法居住的城市命运，吸引了所有人的关注。但是很快，这些悲伤的现实与自然环境之间的关系变得清晰起来。几十年来的湿地损失大多都与人类活动有关，使得城市比它原本应有的样子更脆弱。风暴潮的衰减可以减少身亡人数和城市的损失，但这一生态系统服务却因湿地的破坏而减少。

如此惊人的现实，其对政策过程的显著意义，只有当观察结果转换成有意义的行动时才能显现。飓风等焦点事件是突发的、罕见的和有害的（Birkland，1997），产生了大量公众关注的焦点，并触发了某些行动。最终，如果焦点可以持续，而且后续行动也是有意义的，那么社会中发生的显著变化，将至少纠正一部分导致该事件发生的情况。

重视海岸湿地在飓风保护方面的生态系统服务，已经在沿海的路易斯安那州成为讨论话题，所以建议行动的提出已有一段时间，其可以作为焦点事件卡特里娜飓风的后续行动。1990 年，《沿海湿地规划、保护和恢复法案》（Coastal Wetlands Planning，Protection，and Restoration Act）成为一部联邦法律，通过该法案，对路易斯安那州的资助使得70余项恢复工程得以完成。这些项目的措施包含了所有方面，从河水到三角洲区域的改道，到利用丢弃的圣诞树圈闭沉淀物。还包括主要的地球工程计划，即重改密西西比河流向，以及恢复创建航道和铺设管道地方的湿地，并将陆军工程兵团在墨西哥湾制造的数百万立方码的疏浚物用作恢复湿地的用途。扩大城市和海洋之间的湿地，不仅是一种生态系统服务概念，还具有重大的经济价值。路易斯安那州湿地的飓风保护服务，估计每年每英亩可达到688美元（每年每公顷1 700美元）。将所有地区考虑在内并折合成现值，总金额将近280亿美元（Costanza et al.，2008）。

卡特里娜飓风不仅迫使传统的恢复湿地活动发生了量的变化，而且最重要
的是，认识到过去航道疏浚活动的破坏程度。就在50年前，陆军工程兵团开始 92
进行疏浚活动，造就了密西西比河海湾出口，并在此过程中破坏了15 000多英亩（6 070公顷）的湿地。卡特里娜飓风在行进至新奥尔良的过程中，所经路径使得新奥尔良东部洪水泛滥，就是因为密西西比河海湾出口这一航道的创建和湿地的丧失。2009年，第一艘驳船将装载的石头倾倒进航道中，隔离了这一航道，开始了重新恢复湿地的过程。不明智的疏浚活动导致湿地丧失，湿地在多大程度上可以得到恢复还未可知，但认识到伤害并尝试解决这一问题就是一种好转的迹象。

最后，在生物圈尺度上，湿地在氮循环、硫循环和碳循环中发挥了重要作用。健全的湿地可以减少氮向沿岸水域的流动，减少由过量氮所造成的死亡区[①]的严重程度。按照不同的湿地管理方式，可以使湿地储存或释放碳元素，因此其在气候变化中发挥了重要作用。

湿地用途和影响

并不奇怪的是，对海岸湿地的利用会减少湿地提供的服务。如上所述，捕猎会威胁鸟类生存，湿地丧失使得城市更容易遭受风暴潮的侵害。这些例子说明，人类的一些直接或间接的行为方式，都会影响湿地的生存能力（Gedan et al.，2009）。人们依赖于湿地生态系统的服务，但人们在利用湿地的同时也会损害其生态系统并减少其提供的服务。目前对湿地的管理并不是针对景观，而

① 死亡区：海洋中低氧或无氧的区域。

大多数情况下，是针对人类对湿地的活动。因此，至关重要的是，将规范人类活动的法律，以及离散的管理干预措施所造成的影响，与湿地的命运连接起来。持续的湿地生命力，必须考虑各个独立决策的总和影响。

此外，湿地不仅遭受单一用途的强烈影响，而且受到不同用途的累积效应①影响。在单一地理区域的多项活动所造成的综合效应，需要进行评估和限制（Smith，2006；Vestal and Rieser，1995）。不幸的是，以部门为基础的管理方式已被证明无法应对这一挑战。比如，考虑表6.1中所列活动的多样性，以及管理所有这些活动的困难之处。只有在极少数情况下，以部门为基础的管理才会做出整体评估，而且评估结果很少有限制每项用途的权力。因此，以部门为基础的管理无力解决湿地严重退化所造成的累积效应。

让我们来看看累积效应是如何对湿地造成损害的。

93 **表6.1　人类活动和对海岸湿地的改造**

分类	示例
资源利用	开采石油、天然气、矿产、地下水、盐；猎捕鱼、野生动物，收割红树林；农业
湿地向陆地的转变	交通走廊；工业、城市、农业和住宅的开发；固体废物处理
湿地向开阔水面的转变	运输航道；水产养殖池塘；堤坝、沟渠
排污	城市、工业和农业排放液体和固体废弃物
间接用途	化石燃料燃烧和海平面上升；上游沉淀物阻塞；流体萃取导致的地面沉降；水文变化
自然变化	沉降和相对海平面上升；风暴；侵蚀
航运业务	外来入侵物种的排放

密西西比河及其三角洲系统有大面积的国家湿地，可以观察到各种各样的影响。有些是针对湿地本身，如疏浚活动，另一些则是间接的，如上游的堤坝建设，或化石燃料燃烧。上游的堤坝建设和三角洲的防洪堤坝②，减少了滩面沉积物的堆积。其结果是，三角洲表面极度缺乏新的沉积物，同时化石燃料的燃烧又加快了全球变暖，导致海平面上升③。没有沉淀物大量堆积，上升的海平面

① 累积效应：孤立或单独发生并不起眼，一旦累积发生将会对环境产生非常严重的影响。

② （人工）堤坝：为防止洪水，修筑与河床平行的堤防。

③ 海平面上升：由海水的热膨胀和陆上冰融化而导致的全球性的海平面上升。海平面上升将最终导致湿地被淹、沙滩侵蚀、沿海洪水等。

就会淹没湿地，导致大面积湿地的丧失。此外，沿海湿地成为了土地用途转换的目标，或转换成陆地供给住宅、交通运输或工业基础设施用途，或转换成开阔水面供船舶航行、石油开发设备安置、水产养殖或管道铺设活动。这两种情况下，湿地生境都会完全消失，或被受盐沼影响的建筑设施所取代，如石油工业管道。

湿地不仅直接遭受了人类活动的侵害，而且也是更大的地球系统的一部分，决定了海岸一定地区内相对海平面的高度。势必，湿地常常在平均海平面约 3 英尺（1 米）之内，所以很容易受海平面上升的影响。盐沼和红树林植被能在潮汐的影响下茁壮成长，这种能力是一个重要的优点，也是一个不利条件。几个世纪以来，当平均海平面保持稳定时，潮汐会以可预计的方式带来营养物质， 94
并带走废弃物。植物生长得好，且有足够的沉积物堆积的话，湿地和红树林就会向海扩展。但是平均海平面会发生变化。在许多低洼的沿海地区，如密西西比三角洲，海水相对于陆地在上升，称之为相对海平面上升，发生这一现象有两个原因。第一，相对于海洋来说，陆地会因地壳变化而发生移动，这一过程被称之为地壳均衡[1]（Carter，1988）。例如，地球各板块之间的相互作用会导致地壳的一部分上升，形成山脉。相反，由于沉积物压低了地壳并发生挤压，河流三角洲的陆地表面也可能下沉。第二，相对于陆地来说，海洋也会发生移动，这被称为海平面升降变化。海洋中水量的增加和海水温度的升高会导致全球海平面上升[2]。增加的水量来自因气候变化而导致的冰川融化。使得问题更加复杂化的是，海水会随着温度升高而膨胀，并因此导致水的体积略有增加。这些因素相结合，共同导致了海平面的上升。

海平面的变化和人类对湿地的利用相结合，对路易斯安那州的湿地产生了深远的影响。从最近对沿海的路易斯安那州土地流失的情况汇总（图 6.1）可以看出，1956—2050 年间净损失预计达 2 038 平方英里（5 278 平方千米）（Barras et al.，2004）。这相当于每个小时损失了超过一个足球场的陆地。相对海平面的上升，以及人类通过航道、堤坝和其他活动直接对湿地表面进行的改造，是造成这些土地流失的原因。

正如我们已经看到的，全球变化和人类直接的改造活动，导致了湿地的损失。但是，其他的地质作用力也发挥了作用。三角洲会因为河流带来的沉积物而扩大面积，特别是在洪水期间，这一时期河流中的沉积物量非常大。水和沉

① 地壳均衡：地球的地壳和最上层地幔岩石圈的区域质量均衡。

② 全球海平面上升：指全球海平面的变化，如全球海洋水量的变化或某一海洋盆地水量的变化。

积物会溢出航道边缘，堆积在三角洲表面。此外，在密西西比河河口，河流中的沉积物会堆积在各个河道和湿地系统的海湾处（Day et al.，2007）。当河流改变方向时，沉积物会减少，海浪、海流和风暴还会打乱沉积物，海岸线的形状就会发生改变（Reed，2002；Turner et al.，2006）。随着时间的推移，三角洲沉积物会随着量的增加而变得更紧实，其中的液体会蒸发。紧实的沉积物会降低表面高度。此外，大块大块的沉积物会向海滑动，使三角洲表面下沉。

当这些地质因素与上述提到的海平面升降变化结合起来时，就导致了近年来每年的相对海平面都会上升 1 厘米（Day et al.，2007）。若想三角洲维持现在
95 的规模，沉积物堆积和植被生长必须跟上相对海平面上升的速度。一些地区的三角洲是可以保持面积不变的，但其他很多地区的三角洲，按照土地流失的记录，三角洲是不可持续的。堤坝、疏浚和石油污染等人类活动已使困难的局面更加恶化。

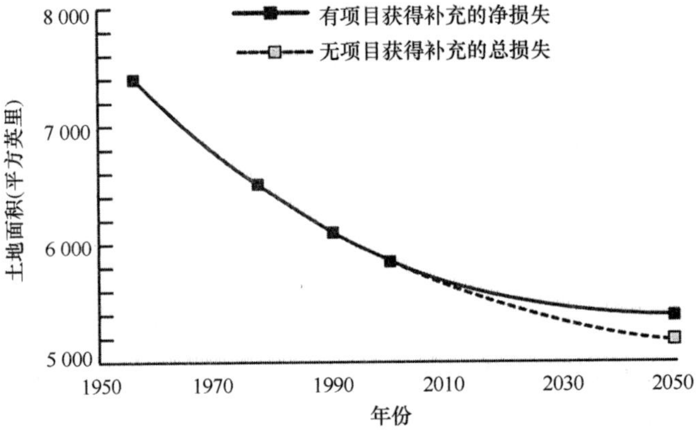

图 6.1　路易斯安那州的土地流失①

目标：零净损②

湿地的持续消失，向我们印证了沿海湿地的管理是一项很大的挑战。首先，有两个环境：河口水域，以及影响这些水域的相邻海岸陆地。了解生物物理过

① 海平面上升和人类活动共同导致了近来和可预计的未来，陆地面积的下降，尽管纵坐标已清楚地表明了这一过程。目前为止，在恢复三角洲方面所做的努力对陆地总面积产生的影响很小。数据来源：Barras et al.，2004.

② （湿地）零静损：为了防止湿地未来损失而制定的一项政策。如果某一项目会破坏或降低湿地的（未来）生态价值，则通过要求创建可替代湿地来解决。

程和陆地、海洋、湿地之间的关系，是一件复杂的事情，而当人们必须将科学转换成管理机制[①]时，会变得更困难。其次，美国的法律和管理惯例将大部分水域视为公共资源，而将大部分陆地视为私人拥有的资源。虽然自然系统将湿地与陆地和海洋都连接了起来，但法律制度似乎并没有做这样的连接。再次，正如上文提到的原因，在有关湿地的决定中，涉及了多个价值观、法律、机构和利益。各部法律可以有多种解释，容易发生诉讼。最后，人们对湿地的态度已经发生了显著变化。

尽管在过去，湿地被视为有毒地区，最适合作工业用途或废弃物处理，但湿地已在最近作为自然生态系统的重要组成部分而受到重视。 96

这一变化在 20 世纪 80 年代随着价值观转向环境保护而变得更明显。1988 年，保护基金会召集的小组提议，湿地的“零净损”应该成为国家目标（National Wetlands Policy Forum，1988）。不久之后，联邦预算文件采用了相同的措辞，之后的多任总统也认可了这一概念。这一概念正如其字面意思一样简单：保护所有的湿地。湿地若在一个地方有所损失，则必须在另一个地方得到创建或恢复，以保持总量。不过，尽管这一目标看似简单，但达到这一目标却要复杂得多。

一种湿地资源——多个机构

即使知道自然系统是如何运作的，清楚地了解湿地所提供的生态系统服务，以及零净损的目标，但还是有许多工作有待完成。三级政府的许多机构中，相互交叉的多项法律都在影响着湿地，这是一种支离破碎的情况，解决方法就是重新设计架构，使许多机构和各级政府之间可以有效的、无缝的协作，但这并没有发生。

负责保护和恢复湿地的行政机关包括美国国家环境保护局和美国鱼类及野生动物管理局等。然而，美国陆军工程兵团和运输部负责运输和发展，而这会对湿地造成负面影响。正如我们之前所见，各机构的任务之间存在冲突。同时，国会创建了游戏规则，且由法院负责解决有关争端，即行政机构是否恰当地解释了这些游戏规则。要注意的是，社会和自然方面的科学信息在所有这些争端中都很重要。

---

① 机制：在一个地区适用，并同意基于政府通过特定规则实行社会管制的制度。

此外，科学家和管理人员会以不同的方式对待湿地。科学家希望以研究为目的，将湿地进行分类，而管理人员则寻求对管理和许可程序来说有意义的定义。定义影响了行动。为法律和管理的目的，什么是湿地？这是一个很重要的问题，因为被归类为湿地的区域会得到政府监管，从而限制该区域的某些用途。如果一个人希望填土或使某一景观区域消失，那么他不会希望这块区域被归类为湿地。

97 联邦机构是在不同的任务和需求下来定义湿地的。自19世纪后叶，美国鱼类及野生动物管理局就在水禽管理中发挥了作用（Lewis，2001）。1900年，新的联邦法禁止跨州运输非法捕猎的动物。到了20世纪后期，保护水禽栖息地这一间接管控方式，成为了行之有效的优先选择。为确定适合获取资源的湿地，美国鱼类及野生动物管理局适用了植物、土壤和饱和度标准。一旦从这些湿地获取了资源，其仍能维持自然状态。

并不令人惊奇的是，由于水在第二种定义方式中的重要性，所以其他机构在定义湿地时都将其作为关键元素。20世纪70年代后期，美国陆军工程兵团负责监督疏浚和填土作业，其发现正常情况下，水淹的或浸水的陆地表面会产生水生植物①，从而形成湿地（Lewis，2001）。在这种情况下，湿地植物生存的范围就划定了湿地的边界。

由于湿地法律和监管方面存在的争论，并未将内陆和海岸湿地区分开来，与农业相关的第三种定义方式在建构定义方面也很重要。在20世纪80年代中期所作出的定义中，支持水生植物生长的含水湿土②和浸水/水淹土壤，被认为是一种适当的定义方式，以确定与农业活动有关的湿地的位置。

随后的几年，关于湿地定义的讨论仍在继续。有些机构负责直接管理湿地，或管理依赖于湿地的活动，他们试图通过规则、指南和技术手册来明确各自的权限范围。但可供选择的各种方法却导致了关于某区域是否为湿地的不同判断，希望利用海岸和内陆景观来建造房屋、发展工业、建设高速公路或为其他目的的人，湿地的定义与其利益攸关，以使其发展前景不会受到湿地定义的阻碍，因为一旦被界定为湿地，就会限制其发展计划。

一旦被界定为湿地，该区域就会通过《净水法案》得到保护（Mitsch and Gosselink，2007）。根据该法案的疏浚和填土规定（第404条），湿地受许可程序

① 水生植物：适应水生或潮湿环境的植物，能够在水浸少氧的环境中生长。

② 湿土：适合依赖水及潮湿环境植物生长的土壤。因为湿度饱和或洪水时间足够长，在生长季节，上层土壤形成的缺氧环境。

管制。诉讼结果确立了通航水域扩大到超出适合船舶航行的区域，包括了其他支流，这一系统被称为美国水域（Lewis, 2001）。毗邻相对固定的非通航支流的湿地会得到保护，相对固定的意思是，每年有三个月及以上的时间会有水流。根据美国国家环境保护局和陆军工程兵团的协议，另一类湿地需要明确其与美国水域之间存在显著连接。湿地与其他通航水域的连接可以凭借其显著的化学、 98
物理或生物影响。存在显著连接的情况下，这些湿地也会受《净水法案》保护条款的规制。

不幸的是，湿地保护是充满法律诉讼争议的一个领域，若没有明确的法律指导，人为的湿地损失还将继续。并非所有的湿地都可以很容易地界定，或者法律面前所有湿地界定的标准都一样。例如，法院会关注湿地与毗邻水域之间的关联，或栖息地的性质，以及候鸟对栖息地的使用。很多时候，争议问题会一直打到最高法院。最高法院新一轮的裁决，反过来又会在连续的循环体系中引起新的案例。最近的一个案例中，最高法院和各机构将湿地的四周环境和永久性作为保护标准。根据《净水法案》，会出现这样的问题，即湿地有怎样的四周环境，有多持久才能获得保护。机构对最高法院的裁决所做的解释，至少在概念上提供了一种界定湿地保护的方式，但不可避免地，这会在未来几年内得到进一步测试。

针对湿地的不同价值观，以及分散的湿地资源管理机制，已经产生了影响。由于机构本身的任务，以及对湿地的定义都有所不同，所以湿地资源受到了不同的对待。此外，随着沿海陆地的减少，湿地发展的压力依然很大，这使得法律上如何保护湿地成为了一项持续的法律挑战。资源管理缺乏明确的规则，小型的、偏远的湿地保护仍存在问题。

管理实践

一旦某一区域被界定为湿地，《净水法案》第 404 条就会管理这块区域的用途。想要疏浚或填埋美国水域及其附近大部分湿地，必须有美国陆军工程兵团颁发的许可证（Mitsch and Gosselink, 2007）。如果存在其他选择，绝不允许将疏浚物和填埋物排放到湿地中。一项提案是否能得到施行，需要先向陆军工程兵团提交许可申请，而陆军工程兵团会在考虑鱼类和野生动物、保护、美观、洪水损失保护、水供应和水质、航行等因素的情况下对其加以评估。在此公开程序之后，才会批准或驳回申请。

99 虽然这一过程看起来非常简单，但《净水法案》第404条却允许陆军部长以多种方式发放许可证。一般许可证涵盖了各种类别的活动，这些活动的预期负面影响很小，一般许可证涵盖的活动有将近50种，包括如码头、道路交叉口、公用事业管线、船坡道等。工程局可以颁发州内、区域内和全国范围内的一般许可证。不符合一般许可证要求的项目会进入单独许可程序。通常，单独许可程序是针对需要更多分析、时间和公告的活动。这些活动往往比较有争议，需要特定条件。最后，法律允许各州承担颁发许可证的责任，只要与联邦政府之间有充分的协调即可。如果陆军工程兵团批准了一项湿地变更的许可证，而美国国家环境保护局认为并不适宜，那么后者会上诉或否决批准决定。虽然这种情况很少发生，但有人认为，这种可能性意味着陆军工程兵团已经并将要继续努力地履行自己的责任。

许可证的内容进一步增加了复杂性，因为目前的做法包括了一系列有层次结构的步骤，用以补偿湿地损害。为满足零净损的目标，监管系统提供了由三种可能性构成的优先补偿程序。首先，寻求改变湿地的实体，必须证明他们已经试图避免这种改变。其次，他们需要展示他们已经尽量减少了对湿地的影响。最后，如果损失是不可避免的，那么他们需要提供一个弥补损失的计划。因此，根据法律规定，如果在其他地方进行了足够的补偿，那么就可以破坏某一地区的湿地。

所以，如果由于海岸地区的发展，损害不可避免，那么可以用什么样的方式来补偿？虽然许多年来，湿地恢复和创建一直都是科学调查的主题（Kusler and Kentula，1990），但是可明确预计结果的能力，以及在法规体系中明确规定流程的能力，仍然很有限。2008年修订了规则，阐明了一系列有层次结构的可选方案，以弥补湿地损失。三种可选方案包括银行补偿、替代费补偿①以及许可人负责建设新湿地的自行补偿（Department of Defense and Environmental Protection Agency，2008）。

湿地补偿银行②是一种很受欢迎的补偿方式。湿地银行包括根据与陆军工程兵团或其他监管机构的协议，已经得到恢复或受到保护的湿地区域，这些湿地区域可为其他地方的湿地变更提供补偿。

---

① 替代费补偿：监管机构与第三方机构（通常为公立机构或非营利性组织）达成的协议，通过协议第三方机构可以通过向实体（如港口）募集资金，港口等实体则被要求为由其引起的湿地消失进行补偿。

② 湿地补偿银行：创建或保护起来的湿地区域，用以补偿因其他项目建设而导致的不可避免的湿地损失。

管理湿地银行的实体与湿地监管机构有一项协议，详细说明了其地理位置、法律上认可的与其管理有关的责任、跨部门的监督小组，以及银行的服务区域。如果湿地银行能成功运作自然湿地系统，而且那些企图在其他地方破坏湿地的实体能购买银行股份，那么就会发生补偿。尽管这个过程比允许许可人尝试建设或恢复湿地更有把握，但还是有很多人指出，这一过程远远不够完善。 100

层次结构中的第二个选择是替代费补偿，这种方式允许申请人恢复、创建、增加或保护湿地，以补偿颁发许可证后可能造成的损失。这种方式是由监管机构，如陆军工程兵团和国家环境保护局，来批准公共机构或非营利性机构等申请人，而需要做出补偿的单位，如港口，则向公共机构或非营利性机构支付款项。资金的转移满足了补偿需求。许多情况下，这些汇集起来的资金都用于建设或恢复湿地。某些情况下，汇给公共机构的资金会用于满足该机构的一般预算需求。无论如何，其目标是每破坏 1 英亩（0.4 公顷）湿地，就要在生态上适宜的地点创建至少 1 英亩湿地。不幸的是，海平面上升是一项持续性的艰巨挑战。沿海海平面上升的许多地区，会迫使海岸湿地的环保理想位置向内陆移动。到 2005 年，美国共有 38 个批准的替代费补偿项目（Environmental Law Institute, 2006）。在一项评估中，被评估的项目只满足了预期成功标准的 1/4。

第三种方式是让许可人通过恢复、建立、改进和保护湿地来负责补偿。补偿的地理区域可能毗邻破坏地点，或经常在同一流域内，但位置不同。由于许可人只有有限的湿地保护经验，所以许多人认为这种方式是最不理想的解决方案。

评估海岸湿地计划

鉴于湿地的社会价值，其在美国遭受的持续性破坏令人困扰（图 6.2）。自 20 世纪 70 年代以来，已有约 20 万英亩（80 937 公顷）的潮间带消失，减少了水资源的净化和供应、防洪、生物多样性和其他各种服务。回顾历史，我们可以看到，美国的运输走廊、农业、矿产开采，以及住宅和工业开发，是优先于湿地保护的。因有目的的人为干预和海平面上升，湿地生境已在萎缩。这一比例相当大，尽管很多细节方面还存在争议。一项研究表明，从有计算开始到 20 世纪 80 年代，美国沿海和内陆共丧失了 53% 的湿地（Mitsch and Gosselink, 2000）。这些沿海和内陆湿地的丧失在各州之间差异非常大，从阿拉斯加的小于 0.1% 到加利福尼亚的多达 91%。 101

1972 年《净水法案》的改变是针对疏浚和填土活动的。新的法律是扭转湿地长期破坏历史的基础。从20世纪70年代起，美国海岸湿地损失的速度在大多数措施的作用下已经有所下降。尽管如此，1998年到2004年间，还是有2.9万英亩（11 736公顷）的潮间带消失了（Dahl, 2006），这意味着沿海地区零净损的目标仍不太可能达成。损失率下降给我们带来的安慰少得可怜，因为在加州等许多地区，已经损失了几乎所有的海岸湿地。

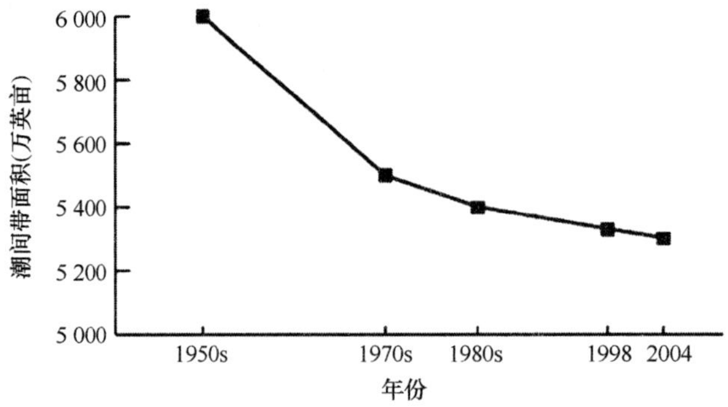

图6.2 美国的潮间带丧失①

对海岸湿地计划的评估，不仅涉及测算流失速率，还提出了有关管理技术
102 和挑战的一些基本问题。现行的法律和政策都将海岸湿地视为需要保护的重要系统，从这个角度来说，湿地项目是环保型的以部门为基础的管理。不幸的是，这些项目面临多重挑战。以部门为基础的法律框架造成了决策的拖沓和湿地的损失，而且这种法律框架也已被证明不足以解决相互冲突的价值观。开发者和环保主义者都在呼吁支持他们各自需求的法律架构要素。这种支离破碎的情况在《净水法案》第404条体现得很明显，该条指派了陆军工程兵团和国家环境保护局两个机构，各自以不同的核心任务来管理项目。可以理解的是，这些机构有不同的任务，支持不同的利益团体，所以协调工作很困难这一点并不奇怪。这些相互冲突的利益团体，以及累积效应造成的低效管理，导致了对潮间带的持续破坏。要想解决这些挑战，湿地项目的执行需要从联邦政府延伸到各州和地方政府的管辖。这一长链中的每个环节都存在误解的可能。最后，湿地方面的决策过程本身，远比前文提到的污水处理的例子更为复杂。决策过程中的一些模糊性包括湿地定义、许可证类别，以及掌握最终权力的政府实体。虽然考

① 受潮汐变化影响的河口和淡水环境中的湿地，与沿海地区一样，特别易受发展压力影响。这一统计汇编显示，损失率在20世纪70年代后有所减慢，但由于各种因素，潮间带“零净损”的目标仍难以达成。数据来源：Dahl, 2006.

量顺序（避免破坏、尽量减少破坏、补偿）是公认的，但似乎很难执行。每项湿地决定都必须考量所有这些问题，而且很容易看出，由于其复杂性，湿地保护的倡导者是怎样感觉被排除在外的。

因此，对湿地面积损失和目前的项目管理机制的评估表明，为达到沿海地区零净损的目标，需要做的努力还有很多，而这些措施不可避免地将依赖于政策过程的创新。

总　　结

过去几十年，社会已经开始重视湿地所提供的生态服务价值。盐沼和红树林系统有很多益处，包括水资源净化、为各种各样的植物和动物提供栖息地、减轻洪水和风暴，以及生物地球化学循环[①]和美学。认识到这些服务后，联邦政府在 1989 年设置了湿地零净损的目标。但是，主要由人类活动造成的潮间带不断丧失还是表明，管理并不能满足这一目标。

导致鲜有成功的原因如下：国家的各种价值观之间仍存在冲突、湿地定义 103
存在争议、治理的碎片化，以及可靠的补偿被证明是存在问题的。大多数情况下，想要改变湿地需要提出补偿方案，作为许可申请的一部分。补偿包括：① 避免；② 最大限度地减少对湿地的破坏；③ 补偿损失。可以通过以下几种方式进行补偿，依次顺序为：湿地补偿银行、替代费补偿以及许可人直接负责恢复或建设同等面积的湿地。怎样确保恢复和建设的湿地系统在结构和功能上是同等的，这仍是一个问题。如果损坏不可避免，而在陆军工程兵团看来补偿也合适，就会颁发湿地变更的许可证。理论上，这一系列复杂的步骤将实现零净损目标，但是，最近潮间带的丧失表明，事实并非如此。

湿地丧失和持续的许可证诉讼表明，在此方面，政策执行阶段并没有很好地结合陆军工程兵团和国家环境保护局两者之间经常相反的利益。许多人都在寻找替代方案。一种是主动规划地理区域，然后确定在哪个区域哪种用途才符合总体规划。下一章将描述沿海陆地和水域的空间管理[②]，这也是一种选择方案。

① 生物地球化学循环：指由于生物、化学、物理或地质作用，化合物在生物以及非生物生态系统中循环的过程。

② 空间管理：主动在多个用户和活动之间分配海洋和陆地空间，以实现特定的社会目标。一般通过一个整体地图区域实施，区域内有许多已批准用途及相关活动的规定。

第 7 章　海岸和海洋的空间管理

在前面几章中，我们研究了以部门为基础的管理是如何治理污水、石油开采、疏浚活动和湿地的，在这些方面已取得了不同程度的成效。正如我们所看到的，这种管理方式从根本上来说是被动的。由某一群体或行业提出一项具体活动，例如港口疏浚或污水处理，然后政府根据对该活动的评估做出回应，如果政府认为该活动是可接受的，就会颁发许可证。不幸的是，提出活动的实体和做出回应的政府机构，都很少考虑混合利用沿海陆地和/或海域所产生的累积效应。

相反，倘若政府从陆地或海洋中特定区域的目标着手，然后确定在其范围内各种活动的适宜性，将会怎么样？这种方式被称为空间管理，目的是减少各种用途之间的冲突。空间管理的核心集中在引导陆上和海上活动，确定特定用途的首选地点。

空间管理在其悠久的历史中，在许多情况下以不同的形式运作。这种管理方式已经通过地方、州或联邦当局，在隶属于不同产权制度（私有和公共）的地理范围内得到实践。首先，地方政府控制了陆地的空间管理，影响到了有关私人财产的活动。其次，州政府控制了沿岸水域，通常是距海岸 3 英里（4.8 千
105 米）的范围，并且可以将这一公共空间划分成区。最后，联邦机构管理的是 3 英里以外或在某些情况下是 3 里格以外的海域。

空间管理可以从规划过程开始，以解决海岸或海洋空间内的竞争性需求，或某一地理区域内的某种海岸或海洋用途可以通过立法获得支持。这两种情况下，行政人员都会在某一地理区域内规划不同地区，说明适合每个地区的活动（通常是通过法规来说明），并形成一套许可证制度，以此来规制管理所开展的活动。整个过程中，利益相关者发挥的作用可能有限，例如，只是在公开会议中被告知决议，但也可能被赋予解决核心问题的权力。不管谁被授予决策权，空间管理的关键都是分区制①。这种管理方式为以部门为基础的管理提供了重要的替代选择。

---

① 分区制：一个区域内独立并且在地图上标记的部分，不同分区会有相异的政策适用。

为了解以部门为基础的管理所产生的问题，我们将探讨海岸和海洋用途，以及由此引发的冲突类型。然后，我们将审视《海岸带管理法》，该法主要创建用来管理多种海岸用途的计划，并为空间管理建立了一个重要的早期先例。本章的结尾还将考量海域的空间管理，这在美国是一个越来越重要的主题。

沿海陆地和水域的用途

前面章节所描述的海洋和海岸政策，反映出了一种零碎的管理方法。虽然人们认识到了沿岸水域的污水问题、为加深航道而进行的疏浚问题，以及湿地损失等问题，但政府的体制在各自解决每个问题。事实上，这些问题已经涉及了大量部门，并且很多部门已经制定了单行法。许多情况下，这种目标的专一性会带来重大的成功：以部门为基础的管理至少在部分上起到了作用。

然而，这些单项管理活动都发生在同一地理空间：沿海陆地和近岸水域。以部门为基础的管理过程依赖于一个假设，即社会能够通过一次规制一种用途来解决问题。但随着沿海陆地和近岸水域利用的数量和强度都在增加，它们之间开始出现重叠。在同一水域处理污水和捕捞贝类所带来的健康危机，就是众多由利用手段冲突所引发的问题中的一个例子。在大多数以部门为基础的管理方式中，第二个重要的假设就是，一个部门对某一问题的解决方案不会构成另一部门的新问题。疏浚物处理就属于这种性质的冲突。在海洋环境的诸多区域 106
倾倒疏浚物，都会伤害到野生动物、渔业和美景。简言之，解决一个问题的同时创造了另一个问题。对这种情况的另一种不同考虑方式是：在一个部门内开展最大化程度的利用，并不必然产生跨部门的最优化状态。

以部门为基础的管理，其内在的第三个错误假设就是，社会的价值观随着时间的推移会保持不变。当沿海陆地和沿岸水域的利用数量较少、强度有限时，分部门的管理方式具有很强的吸引力。但随着人们开始增加利用数量、提高使用强度时，将这些新需求纳入传统的以部门为基础的管理，已被证明是极其困难的。价值观的转变导致需要一个更全面的海岸管理方案。

不同利用方式之间会产生相互作用，当我们研究这些作用的本质时，综合管理所面临的挑战就会开始变得清晰（Ketchum，1972）。独占使用[①]排除了所涉地区的所有其他用途。例如，海湾内的海岸湿地可以通过疏浚和填土作业，转

① 独占使用：一种在本质上排他的使用。

变成集装箱港口，或作为一个野生动物保护区，但不能两者兼备。“排他性用途”一词表明，一种用途的要求会与其他用途不兼容。

同一地区的各种兼容性用途①之间虽然存在很小的冲突，但能相互共存，这被称为多重用途环境。例如，污水处理厂排放污水的河口水域，也可以航行船舶。实际上就是，在同一时间同一地理区域同一系统中的一种用途不需要为其他用途而改变。这种情况允许一处海岸地区的使用就可以满足迥然不同的利益。

事实上，大部分海岸都是同时有多种用途的，但并不是所有用途都与航运和废弃物处理一样兼容。要有效地管理多种用途，最重要的是理解各种自然系统和社会系统是如何相互作用的。例如，为了维持沿海渔业这一用途，除了限制渔业捕捞之外，可能还需要限制污水排放、生境改变，以及疏浚活动。将这些活动整合在一起，需要技术方面和管理方面的解决方案，以尽量减少一种用途对另一种用途的影响。

沿海地域有限，但吸引了许多用途，比这一地域本身可以轻易容纳的数量还要多，所以管理者在寻求找到可以迁移出沿海地域的用途。虽然餐厅、住房和高尔夫球场得益于海滩景观，但这些设施的实际运营并不需要在海边。相反，集装箱码头、钓鱼码头、船厂和游船码头却都需求滨海设施。在某些情况下，
107 技术的发展还会允许很多依赖水域的活动，至少在一定程度上可以远离海岸。例如，处理液化天然气或石油的港口可能会接收海上燃料，然后通过沿岸的管道运输到内陆的存储设施。同样，通过把船只存储在陆上机架而不是停在码头或锚地，码头可以减少其对海岸的影响。如果一项活动是可以移动位置的，那么将减少对沿岸陆地和水域的需求，因此变得与其他用途更兼容。

人们实际上是怎样使用海岸地区，如果这方面的空间和时间信息不足，多项活动的管理将会变得很困难。确定当前的使用模式对未来规划非常重要，特别是如果多项活动之间确实或可能存在冲突。例如，沿海岸建造液化天然气码头，可能会排斥该地区娱乐活动的开展。但如果娱乐活动没有被观测或记录，其重要性可能大打折扣。建立和适用有效的调查方法，是成功管理的关键（Dalton et al.，2010）。

冲　　突

正如我们所见，传统的海岸管理体系只注重各种单一的用途或部门。影响

① 兼容性用途：同一海岸区域和谐共存的资源利用方式。

单一用途的规则，往往是由一个部门来执行的，如美国国家环境保护局或美国陆军工程兵团。本书之前的章节展示了正在运作中的以部门为基础的管理体系，而最后，以部门为基础的管理在分配资源时，往往会带来加剧的冲突和不可预知的结果。

冲突可以通过几种不同的方式表现，如表 7.1 所示，包括用途的特征，从活动中受益或管理活动参与者的行动，参与者所拥有的信息，管理活动的制度结构，以及最终的分配或管理的结果（Brown et al.，2002）。一种用途的排他性程度，也可以用来衡量冲突的可能性。

一些用途需要自然系统保持相对不变的形态，鸟类湿地就说明了这点。然而，土地通常为私人所有。私有财产所有者为发展农业和住房，会改变自然系统，这反过来会减少或驱逐某些鸟类。海岸资源的各个使用者之间会有不同的观点，海岸管理的主要责任就是解决这种冲突（Brown et al.，2002）。

社会通过整套的规则，即制度，来解决海岸冲突。

表 7.1　海岸冲突 108

冲突来源	问题
用途特征	使用空间有直接或间接重叠，或产生了环境影响
参与者	寻求不同结果的个人、利益团体或政府机构
信息	不同价值观所传递的具有不确定性的科学
制度结构	零散的法律和监管架构，定义不明的权利和责任
分配	使用权、空间和/或环境质量的竞争性需求

制度包括法律、法规，以及与行为有关的家庭或文化指引。制度决定了，当同一时间在相同的区域提出了多种用途时，哪些用途优先考虑。组织是开展制度指导的单位，通常是政府机构，但也可以是政府以外的组织，如贸易协会或环保团体。

以空间为基础的管理为以部门为基础的管理制度提供了替代方式。在空间管理中，规则关注于各种用途的位置，某些区域专为某些用途。限定这些区域的过程，以及达到所认为的公平程度，是特别重要的。如果想要有效，在规划过程中必须解决表 7.1 所示各方面的冲突。虽然技术专家可以提供信息和各种用途的特点，但是在计划形成阶段所涉及的利益相关者，以及重新评估制度的意愿，会非常有助于面对在公平分配空间及其中用途时所面临的艰巨挑战。其结果就是，海岸地区会有一个积极的计划，该计划会通过给各种用途授权许可证来实施。最终，各地理区域会与择优活动相匹配。1972 年通过的一项联邦法律，使海岸空间分配成为可能，这将在下一节介绍。

《海岸带管理法》

整个 20 世纪所发生的变化，奠定了空间管理的基础。越来越多的美国人涌
109 向海滨地区的休闲场所，而作为回应，联邦政府也将沿海陆地和近岸水域设立为国家公园。此外，联邦政府河口研究基金和国家海洋委员会，都强调了海岸日益增加的重要性（Zile，1974）。20 世纪 60 年代，一般土地特别是开放空间的意义，受到了国家新的重视，这从有关土地使用的若干法律就能看出来（Platt，1996）。20 世纪 70 年代初期，提出了环境影响报告和方案的新要求，以保护空气质量和水质。有一段时间里，国会需要在数百个法案中考虑出台一项国家土地使用政策，虽然从未制定出一项。

在这种情况下，一项新的沿海陆地和水域管理的国家战略，即 1972 年的《海岸带管理法》变成了现实。该部法律原本有 10 页，专注于每个自愿选择参与其中的州都认定的海岸地区。所有沿海各州和地区，以及所有除伊利诺伊州的五大湖地区都已签署。他们按照联邦指导方针，轮流采取行动来规划和管理沿海活动。通常，一个州会界定一块沿岸的陆地区域，以及一块包含本州沿海水域的区域，并指定地理区域（陆地和海洋）的用途。这种优先考虑地域性，而不是侧重于特定陆地或水域的方法，确立了空间管理制度，即指定作特定用途的地区，并指导这一区域将如何操作。空间管理是通过各州和地方政府对土地用途决策的管理，以及各州对沿岸水域用途决策的管理程度来实现的。联邦政府批准的各州计划包括地方执行、州级层面直接对陆地和水域用途的管理，以及各州对计划或法规的审查（Platt，1996）。各州在海岸带管理中所采取的行动，以及联邦政府通过建立公园或海上石油开发区等项目（表 7.2）所采取的行动，为当前讨论海洋空间规划和管理提供了背景。

要参与到空间管理之中，各州一般采用两种基本框架的其中一种（Born and Miller，1988）。在网状计划[①]中，沿海各州联合现行法律，形成一个囊括各种活动的组织结构，这些活动解决了各种海岸管理的需求，正如佛罗里达州已经实

① （海岸带管理中的）网状计划：将与海岸资源有关的一系列州法律和政策纳入一项总体政策和监管体系内，而不是通过出台新的州法的计划。

现的那样（专栏 7.1）。这种方式在没有新法律的情况下，通过有限的组织变革就能实现。通常，由负责协调州政府各个单位的某个内部机构领导完成。另一种策略是，出台新的法律，赋予州级组织做决策的权力，正如罗德岛的情况一样（专栏 7.1）。

表 7.2　空间维度中的海岸和海洋计划 110

领域	管辖权	目的
毗邻海洋和河口水域的陆地	《海岸带管理法》——国家计划	保护和开发沿海陆地和近岸水域
岸堤资源系统	《岸堤资源法》	限制联邦出资建设岸堤的基础设施和提供保险费
国家河口研究储备系统	《海岸带管理法》	为研究目的而购置/运营河口地区
国家海洋保护区①计划	《海洋保护、研究及禁渔区法》②	保护近岸水域的生物和文化物质
国家河口计划	《净水法案》	选定并管理沿海流域和海湾，以提高水质
国家公园和海岸	《国家公园管理局组织法》	为娱乐和养护的目的而由联邦进行管理
海洋保护区③	行政命令	保护和利用属于国家系统地区的资源
非点源管理	《净水法案》第 319 条和《海岸带法重新授权修正案》第 6217 条	改变土地用途，以减少近岸水域的污染
国家洪水保险计划	《洪水灾害保护法》	实施激励和监管措施，以减少易遭洪灾地区的损害
联邦救灾援助	《减灾法案》	援助洪灾地区的个人和公共实体
棕色地带	《环境应对、赔偿和责任综合法》	援助受污染地区的发展
海上石油	《外大陆架土地法》	建立流程，允许私企开发州属水域之外的能源资源 111
海洋倾废	《海洋保护、研究及禁渔区法》	向海洋倾倒疏浚物
联邦水域的渔业	《马格努森-史蒂文斯渔业保护和管理法》	限制在特定地理区域捕鱼
石油污染	1990 年《石油污染法》	受溢油影响的区域的具体补救措施
离岸港口	《深水港法案》	指定和运营离岸港口的机制

① 国家海洋保护区：美国联邦政府为了增强该国生态、娱乐、文化、科学、教育或美学价值而指定的美国水域中的一个区域。

② 原书中误写成了 Marine Pollution, Research, and Sanctuaries Act，实际为 Marine Protection, Research and Sanctuaries Act。——译者注

③ 海洋保护区（MPA）：专门划分出来的洋底及水体地理区域，用以保护野生动物及其栖息地，用于提升休闲功能，或改善具有商业价值的重要鱼类、贝类资源储备。

续表

领域	管辖权	目的
野生动物保护区	《候鸟保护法》	保护候鸟种群
流体动力能	《能源政策法案》、《联邦电力法》、《外大陆架土地法》	指定可再生能源设备的安置区域

想要在州一级制定和实施一项综合规划，政府官员会面对重大挑战。首要的是，在大多数情况下，在每级政府中，都是分开的政府单位在管理不同的行业和用途（图 7.1）。这种结构包含了水平的和垂直的组成部分（Sorenson, 1997; Kay and Alder, 2005）。在美国的系统中，联邦制区分了联邦、州和地方政府，这体现了垂直维度的各级政府（图 7.1）。此外，由于发生在政府之外的行动，开始越来越多地规范着与海岸相关的人类行为，所以私人部门的行动也是垂直结构的一部分，但处于联邦制以外。

112

专栏 7.1　网状州级海岸计划或由立法来实现的州级海岸计划

州级海岸计划利用不同的体系来满足联邦目标。在第一种方法中，各州联合现行州级法律形成一个网络，通常是由州长办公室工作人员或类似的工作人员来协调，而且一个成功的州级计划需要符合联邦法律的目标。另一种使海岸计划获批的方法是，新的州级立法行为。这种方法通常会导致创设一个新的组织，来规划和批准具体用途。有两个州的情况可以分别说明这两种不同的方法。

佛罗里达州已通过现行法律的网络来实现其沿海计划。《佛罗里达州海岸管理方案》在 1981 年就已获得批准，建立了由 23 部州级法律和法规组成的网络体系，并通过 15 个机构来执行。由佛罗里达环境保护部（Florida Department of Environmental Protection）负责管理该方案，以满足联邦《海岸带管理法》的要求。佛罗里达州的沿海地区包括整个州和距海岸 3 英里范围内的州属水域，某些区域是 9 英里（14.5 千米）范围。佛罗里达州信息交流中心（Florida State Clearing-house）的职责包括审查选定的州级和联邦活动，以确认这些活动符合海岸管理方案。信息交流中心将各种申请分配给适当的政府单位，汇编各单位给出的评估结果，并通知当事人其申请是否符合本州的法律。

1971 年，罗德岛州的一部新立法建立了沿海资源管理委员会（Coastal Resources Management Council，CRMC），这是一个用以执行联邦《海岸带管理法》的州级机构。该机构的监管权限范围从近海 3 英里（4.8 千米）至从沿海地物（如海滩、沙丘、沙洲、海岸湿地、峭壁、岩质海岸和人工海岸线）向内陆延伸 200 英尺（61 米）的范围内。沿海资源管理委员会有 16 名成员，由民选官员任命，包括普通市民、沿海居民和政府官员，每月计划两次会面。委员会每年收到约 1 100 项提交的申请，包括申请建造居所、码头、住宅小区，以及商业和工业开发。工作人员会解决其中的许多要求，但最重要的开发申请则会由委员会进行全员听证审理。此外，委员会还会参与滨水区使用权的决策、关于新出现问题的研讨会，以及新法规的建立。在罗德岛州，一份州属水域的特殊区域管理计划，已用来确定适合风能开发的地理区域。

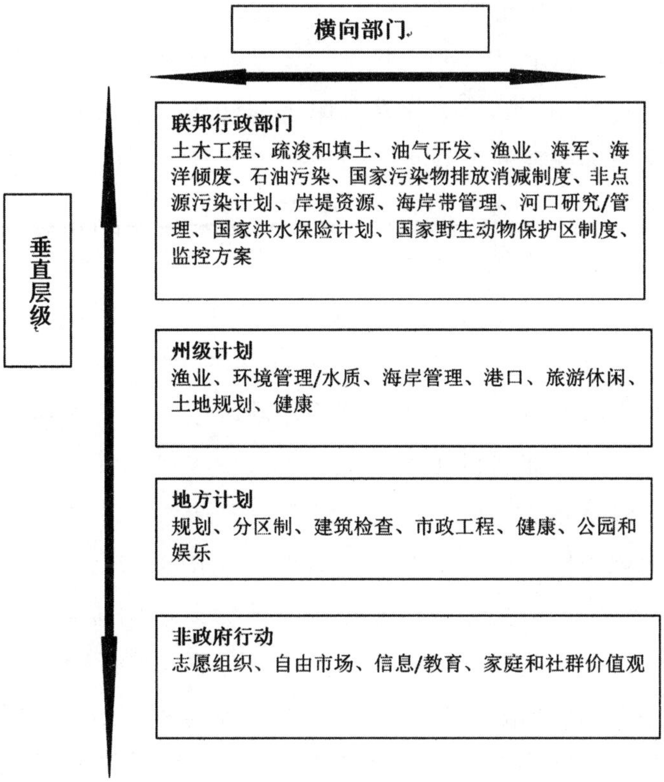

图 7.1　海岸治理结构① 113

① 在沿海地区规范人类行为，包括三级政府、各级政府之间的混合型组织，以及政府直接控制之外的行动。在垂直的每个层级中，都有多个有特色但又常常有重叠主题的计划。导致的结果就是结构分散，需要跨级别和跨主题的同时协作。

横向地看联邦一级，有多个行政部门实体在管理沿海活动，不仅有行政、立法和司法单位涉及其中，而且在行政单位内部，沿海问题也牵扯到许多机构。南加州水域的十几项用途受多个州级和联邦计划的管理，这就充分表明了权威
114 分散这一点（Crowder et al.，2006）。有时，这种分散允许各利益团体寻求更有可能支持自身需求的机构，但这使得协调管理非常困难。

成功的空间管理有可能会连接水平和垂直维度的政府机构。获批的州级计划包括海上边界，一般是距海岸 3 英里（4.8 千米），以及基于生物物理或文化特征的内陆边界（Beatley et al.，2002）。在联邦政府批准的计划中，各州承担的义务包括，确认出需要特别关注的区域、海滩的使用权，以及对海岸线侵蚀状况的关注。此外，州级计划已成为至少 4 个重要政策创新的试验场，这些政策创新是关于社会如何与沿海地区相关联的。

第一，各州对法律规定的解释都是要求联邦机构的行动符合各州的沿海规划（Davis，2001；USCOP，2004）。因此，要求联邦机构在行动之前，考虑各州的利益，因为这些行动会影响海岸及其附近的陆地、水域或其他自然资源。联邦政府关于海上石油开发的决策就是一个主要例子。当海上溢油向海岸移动时，会破坏州属资源。即使是海上油井的日常开发作业，也已经影响到了海岸，因为在岸上建造了为联邦水域活动提供基地的配套设施。因此，各州可以对将影响其海岸带的联邦行动提出意见，有时甚至是否决。

第二，一些州已经使用了法律中的特殊区域管理计划（special area management planning，SAMP）规定，来完成某一地理区域的详细规划。特殊区域管理计划包括政策、标准、准则和机制，来指导土地/水域的使用，实现自然资源保护和合理的海岸经济增长。已经制定了针对沿海陆地、沿海水域和两者结合的专项规划。沿海规划依靠植物缓冲区、限制区①、雨水和化粪池管理条例、码头管理条例，以及特殊用途区，来规范人类行为，从而提高水质和生境质量（Davis，2004）。蔓延式的开发活动常常会使沿海地区陷入困境。解决这一问题的众多工具②包括划定城市的增长边界、基础设施选址、运输规划、税收政策和标准化开发规程，但这些工具中的很多种，还尚未被特殊区域管理计划所采纳（Davis，2004）。目前，许多州已经完成了管理其海域的规划，其他州也正在规划过程中。

---

① 限制区：指建筑物以及其他开发项目按照规定远离街道、附属建筑、其他项目或海岸线的要求距离。

② （政策）工具：政策设计中能促使行为人采取行动的要素，若无该要素，他们则不会采取行动。因而改进解决公共问题行为以及达到政策目标。

第三，由于各州已规划了海岸将来的用途，所以会出现想要一再获取海岸使用权的希望。各州对海岸使用权的规定都有所不同，通常，高潮线向陆一侧的区域是私有的，这些区域可以允许公众通向湿滩区域（Davis，2001b；Beatleyet al.，2002）。但是，海岸会因为侵蚀和沉积物而发生变化。再加上各州法律之中 115
的可变性差异，这一区域的管理非常复杂。每年国家海岸线开放的数量都在增加，这标示着海岸计划其中一个元素的成功（Government Accountability Office，2008a）。开放的海岸依靠其设施（如停车场、垃圾回收），为公众提供享受海岸乐趣的有效方法。通过购买私有土地，地方和州政府可以增加对海岸的使用。另一种选择是为特定目的而购买地役权或土地使用权。

此外，各州已经与联邦政府联合创建了河口研究储备系统，这是决定性的创新。作为户外实验室，这个河口研究储备系统提供了进行研究的场所，以了解自然过程和人类活动是如何影响河口的。通过海岸法，已创建了 20 多个研究储备基地。

其他基于空间的海岸管理计划

在美国，虽然海岸带管理几乎延伸到滨海和五大湖的每一寸岸线，但这并不是唯一的空间管理计划。联邦、各州和地方政府还制订了其他计划，这些计划是针对特定地理区域的，而且往往只提出一个特定或独占使用。许多早期的空间管理，对某片海域的用途指定就相当于提出了某些地理区域的排他性用途要求。这些同时针对保护和开发的计划，与海岸带管理不同，推动的是行业需求。这种类型的联邦计划达 20 多个（表 7.2）。

保护陆上和海上地理区域的计划包括国家公园/海岸、岸堤资源、河口研究储备和海洋保护等，每个计划都会为指定的部分陆地和/或海洋确认详细的目标。这些计划都会强调指定地区的保护、休闲娱乐和研究等目标。近期，为响应行政命令，联邦机构已在国家系统中确定了 200 多个海洋保护区，涵盖了距海岸 200 英里（322 千米）范围内大约 10%的美国水域（www.mpa.gov）。

其他计划还会为资源开采、废弃物处理以及各种其他用途的目的而确定区域。例如，根据海洋倾废法，已经规划和制定了海底区域用来处置疏浚物。还 116
有其他一些应急方案，是针对受特定事件影响的区域，洪灾保险、灾难援助和石油污染应急方案就是此类区域性活动。

空间管理方法

从监管用途到地理区域的整体管理，这一转变是依赖于方法的变化。一个人必须提前决定在什么地方更适合什么活动，解决方案需要有关各方达成共识，而相关立法指导也会有所助益，即何为合适的。从目标到行动的转变可以通过几种方式实现。表 7.3 指出了空间管理的几种工具。

首要的是用以确定某一区域用途的立法途径。立法明晰可以有效矫正各自为政的管理情况，特别是当法律界定了一种用途并为之确立相应地理区域时。例如，联邦立法者能够而且已经确定了海洋保护区的位置。同样的，总统有权根据《文物法》（Antiquities Act），通过行政命令建立海洋保护区。这两种情况都是由政治人物来确定各地理区域的边界，以及每块区域的用途。

其次，也是更常见的做法是，法律创设行政程序，允许联邦机构为特定用途确定地理区域。例如，联邦法律设立行政程序来创建和运营河口研究储备区。

第三，分区制是另一种管理特定陆地或海洋区域的方式（专栏 7.2）。分区制依赖于空间的分离，以及对各种不兼容用途的管理（Platt，1996），其中一个例子就是船舶在不同的方向分道通航。

第四，公共实体能够获得海岸所有权，以塑造其长期用途，满足地方或国家制定的目标。国家公园/海岸的设立就是使用这种方法，州政府和地方政府收购私人土地产权[①]亦是如此。为资助此种做法，各个社区利用了房地产转让税，通常是出售价格的几个百分点，或房产税附加费（Beatley et al.，2002）。由这些税收所资助的土地银行，会为休闲、保护、减灾和其他公共目的而购置沿海陆地。

第五，私人土地的开发权[②]可以从土地所有权中分离出来，并作为继续既有用途的一种手段单独出售。例如，通过购买海滨农场的开发权，土地信托能够确保这片农场不会建设公寓。此外，政府有可能要求，想要开发土地的业主，在获得开发特定区域的批准之前，必须向他人购买一定数量的开发权。开发权的转让往往会将活动聚集起来，并能减少无序扩张。

① 私人土地产权：随土地一起获得的全部权利。

② 开发权：法律赋予的对某一块土地享有开发的权利。

表 7.3　空间管理的精选方法 117

方法	操作	案例
立法	国会为陆地或海洋的某一地理区域指定某种用途	指定海洋保护区
总统自由裁量	国家海洋保护区	夏威夷帕帕哈瑙莫夸基亚（Papahanau-mokuakea）国家海洋保护区
行政方法	行政机构为特定用途划分联邦水域	倾废区或石油开发区
分区制	根据条例指定的用途来规划区域	州属水域的分区制
限制区	距沿海地物一定距离范围内禁止开发	许多沿海州的海岸计划
购买私人土地	购买沿海区域和所有相关权利	一些国家海滨土地
购买开发权	公共实体获得合法权利，开发土地或选择不开发	永久保持开放地的临海农场
税收激励	调整征税水平，鼓励某些用途	缅因州减少了一些正在运转的滨水区①的不动产税
公共基础设施	扣压未开发地区基础设施的公共资金	没有桥梁通往未开发的堰洲岛

第六，各州和各沿海社区可以利用其税收权力，并为塑造沿海开发的性质，而选择性地投入资金（Beatley et al.，2002）。差别税收可以鼓励某些用途，给保持开放状态的土地减税就是一种可能性。滨水区是传统海洋产业所在地，倘若仰赖水域的一些用途（如船坞、渔码头和货运码头）比其他可移置的用途②（如公寓、酒店和餐馆）更为有利，那么正在运转的滨水区也可享受特别税收地位。

专栏 7.2　分区制 118

20 世纪早期，城市地区的拥挤导致了进一步对私有土地的公共管理，以避免滋扰行为、保护健康、提升安全性（Platt，1996）。分区制的执行，需要一个能提出各区域用途的规划委员会，需要由经选举产生的地方政府来批准分区，还需要许可证制度，以及区划申诉委员会，供土地所有人寻求灵活性。分区制可以通过规定开发密度和建筑物大小来规范私人土地的使用。地方分区制法令包括：一份标识了不同用途的分区地图，以及描述各种用途性质的文字。

① 滨水区：毗邻潮间带的一块土地，主要用于提供进入或支持传统海洋产业如商业捕捞的行为。

② 可移置的用途：如果经济、社会和政治条件允许，某一活动能被移至他处进行。

分区制是一种区域管理方式，与以部门为基础的管理在许多方面都有差异。关于某些地理区域和特定地区可以如何加以利用，分区制常常会提供详细信息。以部门为基础的管理，其决策要求通常由联邦政府做出，而对区划决策的管理在大多数情况下则由当地政府掌控。以部门为基础的管理决策，关注单个用途的可接受性，但区域管理决策在认识到某块陆地或海域有多种用途的潜力时，更关注其发展前景。最后，决策文件的核心部分是一幅地图。地方实体对海岸积极的区域性管理就是这种管理方式的标志。

限制区通常是分区制的一部分，要求距某块区域边缘一定距离才能建造建筑物。当这块区域的边缘是海洋或海滩时，指定限制区可以保护沙丘，并提供安全边际，以使滨海房屋不会距离海岸太近，保护其不受海平面上升和风暴潮入侵的破坏。其他的实践还包括以下方法，激励更有效的土地利用方式，或集中开发某些区域，同时让其他区域保持原始状态。

一些人已经认识到，一场大暴风雨袭击海岸后，沿海居住地可能会损失惨重。勘测出易受灾害的地区，确定这些地区居民在风暴灾害前后的义务，即构成了一项健全的政府政策。特殊效益评估会通过向产权人收费，来为这些意外事故募集资金，产权人会因其私有土地而获得好处，但同时也应承担潜在责任。
119 同样的，地方征收的开发影响费，也能使社区募集资金，用于抵消后续风险性开发的成本。

由于基础设施的完善会促进开发，所以政府还可以通过选择不提供公费基础设施（如道路、供水、污水处理）来影响危险区域的开发。如果已有原始投资，那么大暴风雨之后，政府支持的重建工作会无意中鼓励相关开发（Bagstad et al.，2007）。根据《岸堤资源法》，联邦政府会通过指定某些海岸地区并消除对这些区域的联邦补贴，来极力阻止对这些地区的开发（Salvesen，2005）。然而，某些情况下，为促进发展，地方社区已经负担了基础设施的建设费用。因此，该法案只会减缓某些地区的沿海开发。

州级计划的评估

空间规划和空间管理已经改变了做出决策的方式。但《海岸带管理法》起到作用了吗？根据该法，美国国会提出“为当世和后代保存、保护、开发，并在可能的情况下，恢复或增强全国海岸带资源”（《海岸带管理法》第303条）。

这些模棱两可的目标必须与迅速增长的沿岸人口相协调。在风景区内建造房屋，使之与工作区和服务区分开，而且需要建设多条高速公路，这种开发是无计划的扩张①。县级规模的统计勾画出一幅不祥的画面。1970 年到 1989 年之间，美国许可的房屋单元有 47%位于沿海各县（Culliton et al.，1992）。皮尤海洋委员会最近的汇编发现，这种趋势仍在持续，并声称到 2025 年，约为怀俄明州大小的土地将被转变成住宅和商业用途，且大部分是在沿海地区（Pew Oceans Commission，2003）。在这种情况下，《海岸带管理法》所呼吁的恢复、增强、保存和保护资源的目标，将面临极大的发展压力。许多州都选择将其海岸带定义为面海的一片土地，因此，无序扩张只能在内陆继续进行。可以有更好地识别沿海扩张轨迹的指标（Crawford，2007），而且很明显需要更有效的沿海规划（Norton，2005；Tang，2008）。该规划可以专注于滨海内陆的快速发展，重新考虑经济发展和环境保护之间的平衡，并更有效地实施监控。

社会上关于海岸的各种价值观之间一直存在冲突，州级管理一直受此困扰， 120
因此，缺乏实现环境目标的标准和行动。在没有具体目标②和标准的情况下，难以判定各州是否成功保护了海岸环境。为解决这一问题，分析人士选定了核心目标，包括资源保护、使用权，以及城市/港口地区（Good et al.，1999；Hershman et al.，1999）。他们评估了每个州核心区域的重要性，确定管理工具，并考量结果。虽然州级计划被视为有效的，但赫什曼等（1999）还是指出了诸多缺点，例如，有关成果的信息很有限、缺乏检验成功的指标和绩效评估体系。为了满足更有效地评估进展情况的需求，美国国家海洋和大气管理局建立了一个测量系统，包括环境因素（水质、生境、危害）、用途（公用、开发）和政府活动（财政措施、政府协调）。尽管有这些创新之处，最近的一项评估调查显示，还需要取得进一步发展（General Accountability Office，2008a）。

随着时间的推移，《海岸带管理法》在 1990 年做出了修订，提供了额外的实质性指导，这是建立指标的基础。修订的内容包括对保护或恢复特定区域（如贝类床）的预期、城市海滨地区的重建、海岸线稳定化及其他活动。另一项修订之处是，鼓励各州保护湿地，增强使用权，减少暴露于危险的情况，设立了特殊区域管理计划③，为能源设施选址，以及控制累积效应和次生影响。这些

① （城市/郊区）扩张：城市及郊区向农村扩张，缺乏交通选择及行人-友好社区是其发展类型的特征。

② （政策）目标：行动最有可能实现目标的人。

③ 特殊区域管理计划（SAMP）：是《海岸带管理法》包含的计划内容，其为保护重要自然资源，合理地依赖海岸经济增长，改善保护危险区域的生命和财产，以及增强政府决策的可预测性、增加明确性。

举措很多已得到联邦资金的支持，而且可以对获得资金支持的各州进行成果评估。

另外，可以从过程的有效程度来评估各州的执行效果，而不是结果是否符合《海岸带管理法》的目标。在这种背景下，一项成功的计划就是设计出改良方案，以解决沿海资源使用者之间的冲突。欧文斯（1992）发现，在长达5年的时间里，39%的国家拨款都是致力于改进政府决策的制定，28%是用来保护自然资源。由于决策的改进至少部分地减少了冲突，所以重要的第一步就是着眼于冲突的根源。可以明确看到，州级层面的执行产生了更及时、更可预测的结
121 果（Knecht et al.，1996），而且使用了一致的标准来做决策，并在决策公布后，产生了更少的诉讼。

空间规划和海域管理

联邦水域是从距海岸3英里到200英里（322千米）范围内的区域，这是空间管理新的工作重点。在这一区域，联邦当局是主导力量，而且单一用途举措的增加越来越多地导致重叠和冲突。委员会的报告强调了，对200英里内水域进行空间管理体现了联邦水域进行空间管理的重要性和潜力。皮尤海洋委员会（2003）提出，分区制要考虑全方位的用途，减少冲突，并增强海洋保护。美国海洋政策委员会（2004）指出，需要协调管理近海水域，并提出要建立区域管理委员会，帮助决策者解决各种用途之间的冲突。

近海水域的管理现状不尽如人意，原因有很多（Ehler，2008）。以部门为基础的管理不会试图预测冲突，由此造成的累积效应日益加重，即各种单一用途会强化对部分或整个沿海环境造成的压力，且不同类型的用途会结合起来，给部分或整个沿海环境造成压力。在美国，目前的体制很少授权规划某一海域内的所有活动，而且在大多数情况下，各海域缺乏对未来的共同愿景。如果没有分配未来用途的框架，人们会发现：① 海上活动和岸上社区之间缺乏管理连接；② 预防性保护很有限；③ 开发者缺乏投资确定性；④ 政府部门之间存在无效连接（Douvere，2008）。最后会导致出现各种必然重叠和冲突的活动。

实施空间管理，特别是在联邦水域内，其核心是规划流程，这一规划流程会带来区划图、法规，以及规制人类活动表现的许可程序（Crowder et al.，2006；Young et al.，2007；Douvere and Ehler，2009）。许多政府计划会为特定活动或用途来指定某一地理区域（表7.2），但这种海洋空间的管理缺乏整体观。如

果没有将该地区作为一个整体进行规划，其开发可能会按照曾经的“狂野西部”模式，即先到先得，且这些先到者能获得最大的利益。对于一项要认真完成的区域规划来说，许多人认为必须有法定权限和执行机制。如果已满足这些条件，那么还需要在建构方式中纳入利益相关者，以达到规划和确定区域的共同目标。 122
空间管理是一种工具，而根据利益相关者如何看待他们的共同利益，规划的目的范围可以是保护或者开发。事实上，许多人在寻求有关海岸带管理、州级沿岸水域计划，以及其他空间管理计划的经验，以便在此方面建立有价值的过程元素。

联邦机构认识到，在海岸和海洋空间规划中经常有多种相互脱离的举措，因此提出了一个包含多项职责的框架（Ocean Policy Task Force，2009）。根据提议的 9 个区域规划，将建立覆盖海岸和海洋区域以及五大湖地区的各个机构。联邦机构、州级政府和利益相关方将编制有关区域的开发协议，考虑备选用途和累积效应，并权衡取舍。区域规划若可以灵活实施，将对引导今后的活动有非常大的影响力。

总　　结

到目前为止，我们已经讨论了两种风格的海岸管理。正如前面章节和本章所描述的，第一种方式是，人们规定用途或部门，然后允许使用者自行选定位置。另一种方式中，人们关注的重点是，根据空间管理，这些用途在哪里才能与陆地或海洋景观相适应。定位各种用途可以使我们具有前瞻性，这可以通过建立优先级和创建流程来减少冲突，使每个决策都可以与更大的计划相呼应。《海岸带管理法》以及其他建立国家海岸、保护区、研究储备、海洋倾废区和石油开发等用途的法律，代表了与空间规划和管理有关的大量实践（表 7.2）。

正如我们在此提到的，空间管理存在于三个不同的背景之下。首先，大多数沿海土地都是私人所有，其用途规划主要由地方分区制来完成。通过使地方土地利用的相关决策更适宜于海岸状况，《海岸带管理法》对其结果起到了重要作用。第二，州政府控制了一些沿海土地和几乎所有的近岸水域。因此，州属水域的分区制已成为标示出优先用途的有效手段。通过《岸堤资源法》、河口储备体系、国家海岸，以及野生动物保护区等计划，联邦政府也参与了沿海土地和近岸水域的空间管理。第三，联邦政府为保护区、海上能源港口、能源开发、 123
倾废区，以及各种其他活动的用途，而指定联邦水域。总之，这些空间管理的措施包括大约 18 项计划（表 7.2）。

存在可以提前考虑特定地理区域用途的机会，这是海岸管理的一大进步。联邦政府鼓励选择参与由其资助的海岸带管理计划的各州，设立自身的管理计划，这些计划应当包含多张地图，以指示哪些区域的近岸水域和邻近海岸用途可以被接受，符合国家保护和开发海岸带的整体政策。从这个角度来看，海岸管理是多用途管理方案。海岸地区可以被确定为以保存、保护和恢复为目的，堰洲岛、海草床和湿地都是从这个角度加以管理的。此外，《海岸带管理法》表示，海岸可以为开发的目的而进行管理。在此背景下，城市、交通系统、住房开发和餐馆，都可凭借该法构建和执行的方式来主张沿海空间。在联邦政府资金的支持下，各州已经恢复了湿地，开辟了新的海岸，并建设了公共码头等。此外，《海岸带管理法》还鼓励创新实践。联邦批准的海上能源系统或新的航运设施，必须与各州的海岸计划相一致。在州级计划中，特殊区域管理计划可以为沿海土地和水域的具体用途提供更精确的方向。

空间管理明显增强了国家管理其海岸地区冲突的能力。正如任何政策创新一样，这需要持续的评估和改进。分析人士一直在努力确认州计划的目标、绩效标准、适当的数据和成功的标准。一些人甚至提出了以下问题：实质性目标（如改善环境质量）或过程性目标（如预测性更强的决策）是否应该成为评估目标。最后，在实施了几十年后，一些沿海水域的生态健康出现滞后，沿海土地受到越来越多的无序开发。这些现实状况与许多人认为需要保护、恢复和增强沿海资源的想法相对立，但反映出了国家在保护与发展沿海资源上的矛盾心理。许多人提出了基于生态系统的管理方式，以增强和聚焦未来的海岸管理，这是下一章的主题。

第 8 章　生态系统治理

海岸地区包括陆地和海洋，以及社会系统和生态系统。本书前面章节所评估的以部门为基础的管理和空间管理实践，都无法以有效的方式充分地综合管理各种海岸用途。以部门为基础的管理未注意到各用途之间的大部分联系，而空间管理虽然可以调和多种用途，但往往并不能提升生态系统的健康。两个国家委员会都批评了目前这种状况，并提出了基于生态系统的管理方式作为解决方案（Pew Oceans Commission，2003；U. S. Commission on Ocean Policy，2004）。

本章阐明了在海岸地区实施生态系统管理的各种不同机会。通过考虑在农业中化肥的使用及其影响，说明了生态系统和社会系统之间的联系。美国中西部化肥的使用就破坏了墨西哥湾的水质。生态系统的思维方式在解决这类问题上非常深入。

不可避免，采取基于生态系统的管理方式，可以有不同的速度和方式。现有程序中微小的变更构成了缓慢或递增的变化，使管理人员能尝试新的做法。而突变则牵涉显著不同的步骤，这些步骤是通过新法律或其他权威手段来合法化的。各自为政的政府体制、环境的恶化，以及不断增长的对更好的执行效果的需求，使海岸地区对这些变化做好了充分的准备。

陆地/海洋和社会/自然之间的氮连接 125

在海岸地区，社会系统（住户、农场、渔场、市场、学校）和自然系统（营养物质、潮汐、径流、植物、动物）处于同一个地理区域，两者之间存在密切联系。有效的管理会认识到这些联系，同时也会意识到社会系统和生态系统结合起来的局限。

生态系统是由生物群落及其栖息地，以及人类组成的，以边界地理范围内的物质和能量流动来定义。生态系统的生物多样性越丰富，在干扰出现时才更容易保持稳定（Schmitz，2007；Cotgreave and Forseth，2002）。例如，如果一种动物有多种食物来源，那么就会存在食物替代。由于生态系统的生产力、稳定性和其他有利的特点都与生物多样性有关，所以生物多样性在管理中吸引了特殊关注。此外，研究已经表明，生境的退化、碎片化或生境的破坏会降低多样性。

水的流动影响了海洋系统中的生物。随着河水流入海洋，河水会与大气和土地交换物质，使陆地系统和海洋系统紧密相连（Crossland et al.，2005）。河口和海峡的海底形状，加上水流、潮汐和风速，共同决定了港湾内的水分子平均可以停留多久的时间，而水分子停留的时间则决定了化学交换的特征。长时间的停留会导致环境问题。

在此背景下，氮元素起到了非常重要的作用。氮可用来给农田施肥，并从农田流进水域。氮元素连接了陆地和海洋，社会系统和生态系统，它是蛋白质、叶绿素和核酸的必要组成部分，而这些都是生命所必需的物质。大部分时间里，氮元素是海洋系统中的限制性营养素，这意味着，氮元素的供给若受到限制，植物生长将被抑制。相反，若氮元素供给过剩，就会产生过多的植物，并会导致水中出现低氧条件。氮元素会以各种不同的形式在土地、空气、水和沉积物之间流动（图 8.1）。包括人类在内的生物体，会影响氮元素的形式和流动。

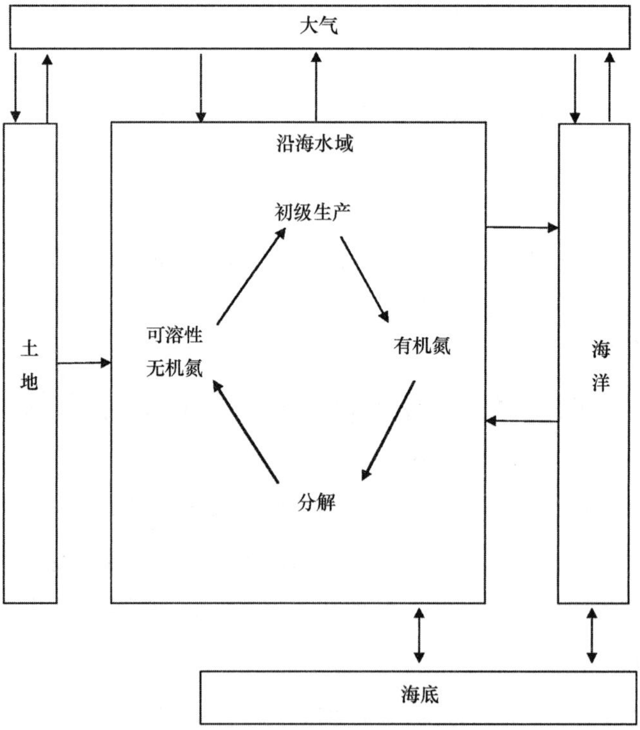

图 8.1 氮流动①

① 每个矩形都代表了氮的储存，箭头表示相互之间和内部的流动。人类活动影响了氮的流动，总体来说是增加了沿海水域的氮含量。

人类活动显著地增加了氮元素向沿海水域的流动，造成海洋环境发生了极大变化。污水、农作物施肥，以及化石燃料的燃烧，都促进了氮元素向沿海陆地和水域的流动。由于人类的活动，活性氮从河流向海洋的转移可能已经增长了 3~4 倍。过量的氮元素使得浮游植物快速生长，从而导致呼吸作用和植物腐烂，在近岸水域造成了低氧环境。因此导致的缺氧或低氧区，其氧气水平比一般所料想的要低得多（Rabalais and Gilbert，2009）。当水体中溶解氧①的含量下降到低于每升 2 毫克，该水域就会被称为低氧区；当实际上没有可利用的氧气 127
时，就是缺氧区。这些区域被称为死亡区②，因为许多常见的沿海水域动物都无法在这种环境中生存。

氮负荷的后果是众所周知的。首先，由于氮元素能让更多的浮游植物生长，让一些渔业扩大产量，所以近岸水域氮含量的升高好像是有利的，但浮游植物会对近岸水域的溶解氧需求造成负担。浮游植物本身的生存，以及夜间不进行光合作用的时候，都会消耗氧；且浮游植物死后会成为好氧细菌的食物来源，这些细菌在分解藻类时也需要氧。因此，水中的氧含量就会下降。在夏季，太阳能加热和无风的气象条件会使水体分层，这会加剧问题。因此，无法与表层水域和大气中的氧气混合的深水水域，就会成为低氧水域。

近年来，墨西哥湾北部的低氧水域面积平均有 5 212 平方英里（13 500 平方千米），从 5 月中旬一直持续到 9 月中旬（Rabalais and Gilbert，2009）。低氧水域的面积与采样前两个月的时间里，与密西西比河供给的硝酸盐负荷有关。河流中的硝酸盐负荷，主要由用于农业生产的土地所排放的水中的硝酸盐浓度所决定。由于这种来自农场的氮元素与来自管道的氮元素有所不同，因此被称为非点源污染。所以，人类对农作物施肥的这种行为，将低氧水域这一海洋现象与遥远内陆的农耕联系到了一起。墨西哥湾北部缺氧的程度、持续的时间和强度，自 20 世纪 70 年代以来一直在增加。

氧含量的减少，会对所有需要较高氧气含量的海洋生物的生存产生直接影响。随着时间的推移，沉积物中的物种组成会转变成为能耐受低氧条件的物种。当氧气含量下降到几近缺氧的条件时，可以逃脱的动物都会逃走（Rabalais and Gilbert，2009）。在含氧量更低的情况下，生活在海底淤泥中的动物会企图离开沉积物，并常常会死亡。当处于缺氧条件下时，随着氧含量的降低，底栖生物

① 溶解氧（DO）：溶解在海水里自由氧分子的浓度，这些浓度常因为海水的物理、化学、生物因素而有所不同。

② 死亡区：海洋中低氧或无氧的区域。

的物种多样性会直线下降。

越来越多的营养负荷也会影响渔业（Rabalais and Gilbert，2009）。当近岸水域的氮负荷从低水平到中等水平时，渔业生产和产量会有所增加。而当氮负荷较高时，随着缺氧条件的发展，渔业往往会衰竭。值得注意的另一个趋势是，随着氮含量的增高，捕获的鱼种类会从以底栖生物为食的鱼类，转变为生活在水体中，以浮游生物为食的鱼类。图 8.2 就阐释了影响死亡区的多重因素。

128 农业和污水处理实践，以及河流的湿地管理，相当大的程度上都受到人类的直接控制，这些活动通过改变氮流动，都在影响着死亡区的形成。气候条件控制了风和降水，再加上其他因素，共同决定了墨西哥湾氮供给的速度和时间，以及湾内水域混合氧气和保持充氧的程度。这些因素结合起来，导致了渔业捕获量严重受损。

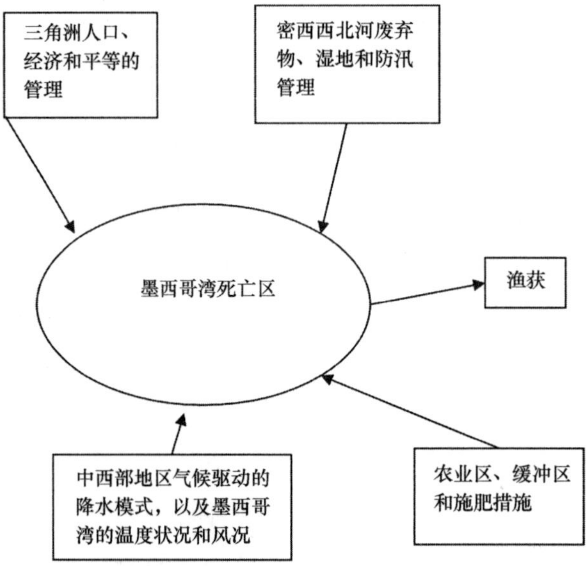

图 8.2　死亡区的成因①

129 对墨西哥湾死亡区成因的考察表明，由人类为媒介造成的氮流动会产生显著的、不幸的有害结果。生态系统科学让我们清楚地了解到，人类和自然这一存在联系的系统是如何运作的。然而，过去的管理措施只是关注该系统的各个部分，缺乏相互之间的协调。总之，各自为政的、以部门为基础的管理，其效

① 墨西哥湾毗邻密西西比河河口，其氮元素富集会导致浮游植物大量繁殖，并最终导致该水域出现低氧条件。人为造成的墨西哥湾氮负荷是由化肥的使用、污水处理所排放出的液体，以及众多其他因素所决定的。当墨西哥湾大面积水域的溶解氧含量处于低水平或根本没有的时候，高等生物将遭殃。

用很有限。通过分析生态系统科学方面的状况，我们可以非常清楚地知道，生态系统管理或基于生态系统的管理是一种更为全面的管理方式，并将在很大程度上帮助解决墨西哥湾死亡区的问题，以及其他类似问题。

基于生态系统管理的概念

为了解基于生态系统的管理将如何使墨西哥湾和其他受威胁的地区受益，值得考虑的问题是，专家们如何将这种独特的治理形式概念化（表 8.1）。美国海洋政策委员会代表了许多利益团体，并提供了一种国家视角。该委员会认为，需要对生态系统的所有组成部分——包括人类——进行共同管理。这一原则获得了广泛的支持，但目前并没有反映在大多数的治理活动中。

尽管如此，基于生态系统的管理的潜力却非常大，且不同的群体都已对其所需进行了详细描述，如表 8.1 第二部分（“群体视角”）所示。表 8.1 引用的各个群体坚信基于生态系统的管理；他们所提议的政策，提出了事务的一般目的或期望状态。总的来说，这些表述确立了创建健康的、富有成效的、有弹性的生态系统目标，这种生态系统能够提供人们需要和想要的服务。提倡建设有能力利用生态系统的健康原则、可持续性[①]原则和预警原则进行整体管理的机构。这样的机构，如果存在的话，将会在解决与死亡区有关问题的管理上有特别大的帮助。

表 8.1 最后一部分引用精选了几种分析角度，阐释了基于生态系统的管理。这些作者强调了一个共同目标，根据这一目标，可以利用自然边界、在景观尺度内以整合的方式管理沿海活动的多个部门。在公众参与和公平的基础上建立的协作规划，应当会带来灵活的和有适应性的方案实施。对于什么是成功的基于生态系统的管理，表 8.1“分析视角”部分所引用内容的作者希望，其必须考虑到累积效应[②]，体现预警性，并在众多服务中有所权衡。随着对这些概念所获得的经验越来越多，它们必然会被继续细化。

① 可持续性：既满足当代人的需求，又不损害后代人满足需要的能力的状况。

② 累积效应：孤立或单独发生并不起眼，一旦累积发生将会对环境产生非常严重的影响。

表 8.1　基于生态系统管理的解释

视角	解释
国家视角	“应对美国海洋资源和海岸资源加以管理，以反映所有生态系统组成之间的关系，包括人类和非人类物种，以及他们所生活的环境。”USCOP，2004，62.
群体视角	“国家海洋政策和治理必须重新调整，以反映和适用生态系统的健康和完整原则、可持续发展原则和预警①原则。我们必须……组织能在生态系统的基础上进行管理的机构和平台。”Pew Oceans Commission，2003，x. “一个综合的管理方式会考虑到整个生态系统，包括人类。基于生态系统管理的目标是保持生态系统的健康、生产性和弹性环境，以提供人类想要和需要的服务。”McLeod et al.，2005. “一般来说，基于生态系统的管理是一个范围很广的管理方式，包括各个对物种、其他自然资源和人类的管理，这些都是更大的生态系统的组成部分。”Arkema et al.，2006，525.
分析视角	“1. 基于生态系统的管理侧重于生态系统不断提供……服务的能力……也包括……人类。 2. 各自然边界更为紧密相关。 3. 人类活动的各个行业……需要一定程度的管理一体化。 4. 考虑累积效应，以及在众多服务中做必要的权衡。 5. 在不确定的条件下做出决定。”Rosenberg and Sandifer，2009，14. “首要的是，基于生态系统的管理涉及解决景观或区域尺度的问题……其次，它需要协同规划，在合作中，政府官员、私人利益相关者和科学家自愿聚集在一起寻求共识……第三，基于生态系统的管理很大程度上依赖于灵活、有适应性地执行规划目标。”Layzer，2008，22-23. “原则……需要被纳入一个……生态系统范围内的……管理机制：综合管理、公众参与、公平、预警、经济激励和适应性管理。”Juda，1999，99-106. “一种综合性的方法，以保护结构的完整性和大范围地理区域内永久的自然功能。可持续的人类经济发展应纳入到整个生态系统的能力中。”Burroughs and Clark，1995，649.

131

变化的程度

成功实施基于生态系统的管理实际上需要做出多少改变？在这里，我们将考虑三种方式或程度的改变。第一种方式是保持传统的管理体制，其特点是部

① 预警：对环境有潜在危害的活动采取预防措施或暂停，除非资源使用者能够证明对环境严重或不可逆转的危害不会发生。

门管理，并且只简单地设法改进其技术，以满足新的生态系统目标。不幸的是，记录表明，这一策略相当困难。尽管多年来已有许多改进，但环境健康的重要测量标准仍保持稳定或有所下降，如水质。事实上，墨西哥湾死亡区的规模日益扩大，从中可以清楚地看到，各自为政的政府行动虽然有所协调，但还不足以控制缺氧区及相关影响，同时也有意图方面的问题。一些所谓的转变只是夸夸其谈，并不是政策上的实质性改变。通过简单地声明现行做法，这是生态系统管理的一种形式，政府官员能够避免做出必要的改变。

第二种方法是采取增量变化。这种策略包括在许多小的方面改变现有政策体系的若干部分，然后进行后果评估，再考虑做出其他改变（Lindblom，1959）。这种想法是，通过“摸着石头过河”，政府官员在保持较低的个人风险的同时，仍能改变体制，至少是改变其中的一部分。这种方法并不是完全理性的，因为管理者在选择最合适的价值观和政策之前，并没有列举出所有的价值观和政策方案。更确切地说，分析人士赞同看似合理的行动，但没有明确指出政策目标，或没有表明他们已经选择了达到目标的最佳方式。在这种模棱两可的情况下，基于生态系统管理的一些要素可能会找到目标。这种政策方案的选择，是基于对过去已经做出的微小政策变化经验的考虑。对增量解决方案的一个重要考验是，其是否已经向前推进，而不是遭到压倒性的反对。摸着石头过河的做法，只可以实现一部分的目标，这意味着该过程必须不断地被重复。在增量变化中，政府官员可以在现有的法律结构和程序范围内，利用生态系统的思想来改善结果。目前，几乎所有基于生态系统的管理实例，都属于增量变化这一范畴。

在过去，增量变化已经重塑了海岸和海洋管理。最初于 20 世纪 50 年代建立的海上石油开发部署，在 20 世纪 70 年代发生了改变（Juda，1993）。公众对海域价值观的态度已经转变，而且美国的法律制度也体现了这一点。《国家环境政 132
策法》《海岸带管理法》，以及修订后的《外大陆架土地法》，可以指导政府官员去考虑决策的环境影响。环境影响的重要性日益增长，这一点由司法判决就可以得到证实，再加上法律的变革，共同改变了环境数据的收集和利用（Burroughs，1981）。转变发生之后，政府正在越来越多地承担着预见海上石油对环境影响的责任，并通过暂停部分或全部的开发活动，采取行动以避免环境影响。

第三种可能性是将“改变”变成“革命”，即产生了迅速而根本的变化。当问题的特性需要大胆的解决办法，或目标的转变导致了超出增量变化所及的需求时，根本性的变化就显得尤为重要（Birkland，2005；Cortner and Moote，1999）。应对大萧条、人类登陆月球和保护平等的权利，都需要政策上的根本性变化。现如今，海岸和海洋受到了许多人的同样关注。皮尤海洋委员会主席曾表示，他们发现海洋正处于危机之中，并提倡“国家对海洋的态度需要发生根本性的改变”，指出“改革是必要的”（Pew Oceans Commission，2003，i）。20 世纪 70 年代初是环境政策快速发生根本性变化的时刻。基于生态系统的管理可能会在 21 世纪的第二个十年里，激发出类似程度的进步。

政策因素

不管变化是根本性的，或只是增量的，采用基于生态系统的管理将改变各种政策因素。涉及的人，用来实现解决方案的工具，以及使用这些工具的政府机构都可能受到影响。很多方面都可能有变化，重要的是知道哪个政策因素发生了改变，以及是如何改变的（Schneider and Ingram，1997；Schneider and Sidney，2009）。在本节中，我们将考虑生态系统管理的引入对目标、机构和工具所造成的影响（图 8.3）。

政策的制定是为了改变特定个人、团体或组织的行为，通常被称为“目标群体”或“目标”。新政策会包含新的目标群体或对目前涉及的目标群体的预期进行修订。例如，若要在密西西比河和墨西哥湾转而采用基于生态系统的管理，
133 需要吸引农民加入进来，以改善沿海水质。农民和渔民之间的协调管理，以及他们各自的政府机构将变得非常必要。

正如基于生态系统的管理可能涉及新的目标群体，这种管理方式还可能需要新的工具来影响目标群体的行为（表 8.2）。回到之前的例子，可以通过改变农业补贴①或者在田野和河流之间建造植被缓冲带，来影响农民的施肥行为，因为这种施肥行为会损害水质。

134 也可以考虑其他工具（表 8.2）。例如，由于污水排放（点源污染）以及农业中过量施肥（非点源污染）所造成的水质下降，使得“总量管制与交易制度”② 等新工具的利用变得很有价值。为降低总体的污染负荷，点源污染和非点源污染之间的交易可以以这种方式完成，即利用最低成本的污染清除方式，通常是污水处理厂，并从其他清污成本高的主体处获得补偿。

---

① （农业）补贴：政府主要给农民的补助资金，目的在于影响农产品的供给及成本，影响农业实践和/或增加农民收入。

② 总量管制与交易制度：指由政府制定的一种污染物排放配额制度，旨在通过行政及市场机制减少排放。企业可以通过购买或互相转让的方式获得排放配额。

法律会授权代理①，通常是政府组织，以保障工具适用的方式能达到政策目标。代理也会按照要求创造新工具。负责污水处理的代理位于联邦国家环境保护局和各州政府。美国农业部及其相关州级实体会影响耕作方式。要解决一个生态系统的焦点问题，需要在不同政府实体之间协调多个机构，从而长期适用恰当的工具。

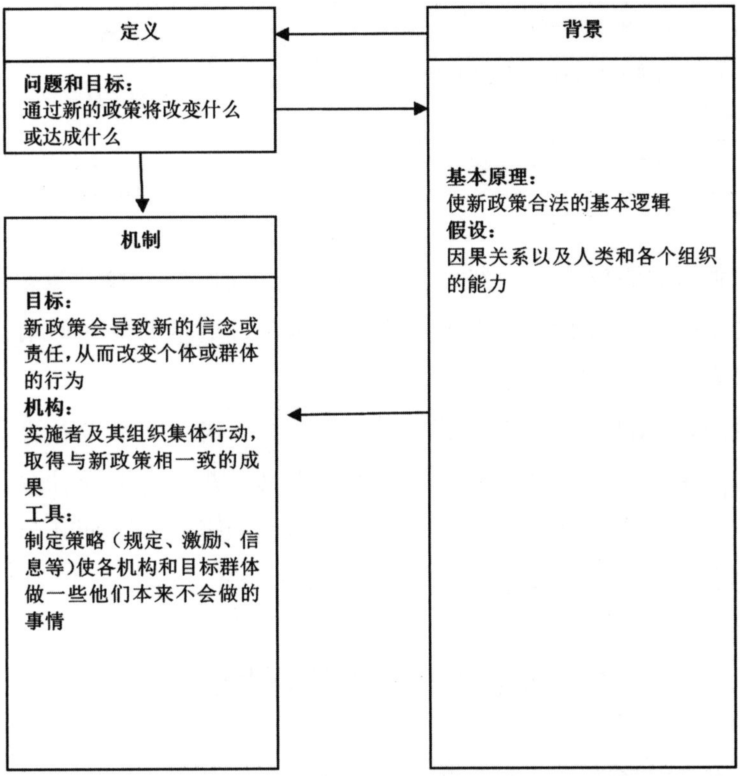

图 8.3　政策变化：背景和机制②

越来越明显的是，通过各个代理，基于生态系统的管理可以从政府所使用的诸如市场这样的各种工具之外受益。

① 代理：根据相关规定，凭借其对技能、规则、原理的熟悉，给目标人群提供咨询的个人或组织。

② 施耐德和英格拉姆（Schneider and Ingram，1997）在这张图中所描述的政策变化适用于生态系统管理。为实践生态系统管理，各机构将以创新的方式使用工具，以改变目标人群的行为。

表 8.2　政策工具

类型	说明	示例
权威性的	通过法律，或赋予/拒绝给予资源开采的权利，来强制实施特定行为	规定、税收、服务、改进后的私有权利，或经济活动框架、许可证
激励性的	劝导个人或群体实施与新政策一致的行为	公共活动、非正式协商
诱导/惩罚	引起自愿或强制行动	补贴、罚款
能力建设	给予个人或群体的技术援助、教育、训练或资料	机构预算、提供信息服务
学习	理解政策问题的具体方面	普查、调查、民意测验

135 从政府独自的职权范围，到社会中不同代理的责任，基于生态系统的管理的这种转变是一个重大变化。为了体现政府内部，更重要的是政府之外代理的参与，许多人称其为生态系统治理。

基于生态系统的管理依靠以下原则：真正的解决方案涉及社会和生态系统的全部范畴。通过涵盖新目标群体，采用新工具，并结合遍及社会的各个代理机构，基于生态系统的管理方法是寻求解决问题的根源。下面几节内容说明了增量变化的实践，以及在沿海地区推进生态系统治理根本性变革的可能性。

增量变化：海洋保护区

利用生态系统管理方式来重塑一个现有计划的各个方面，就是增量变化的一个例子。海洋禁捕区计划就可以从这个角度来考虑。1972 年，通过了《海洋保护、研究及禁渔区法》，以利用海洋资源，并保护生物和自然群落历史遗址（Brax，2002；Chandler and Gillelan，2004）。美国已经建立了 13 个国家海洋保护区，占海洋面积 14 000 多平方海里（48 018 平方千米），总计大约为符合条件的区域的 1%（Chandler and Gillelan，2004）。在短时间内，禁捕区的海洋面积得到了快速增长（图 8.4）。

在《海洋保护、研究及禁渔区法》通过的时候，一些人期望捕鱼、石油生产和砂石开采会与禁捕区相兼容；而另一些人则将海上禁捕区的目标与陆上自然保护区相媲美，并因此禁止在禁捕区的任何开采用途。由于有关禁捕区意图的这些大问题仍然存在，所以近年来并没有扩大禁捕区系统（图 8.4）。

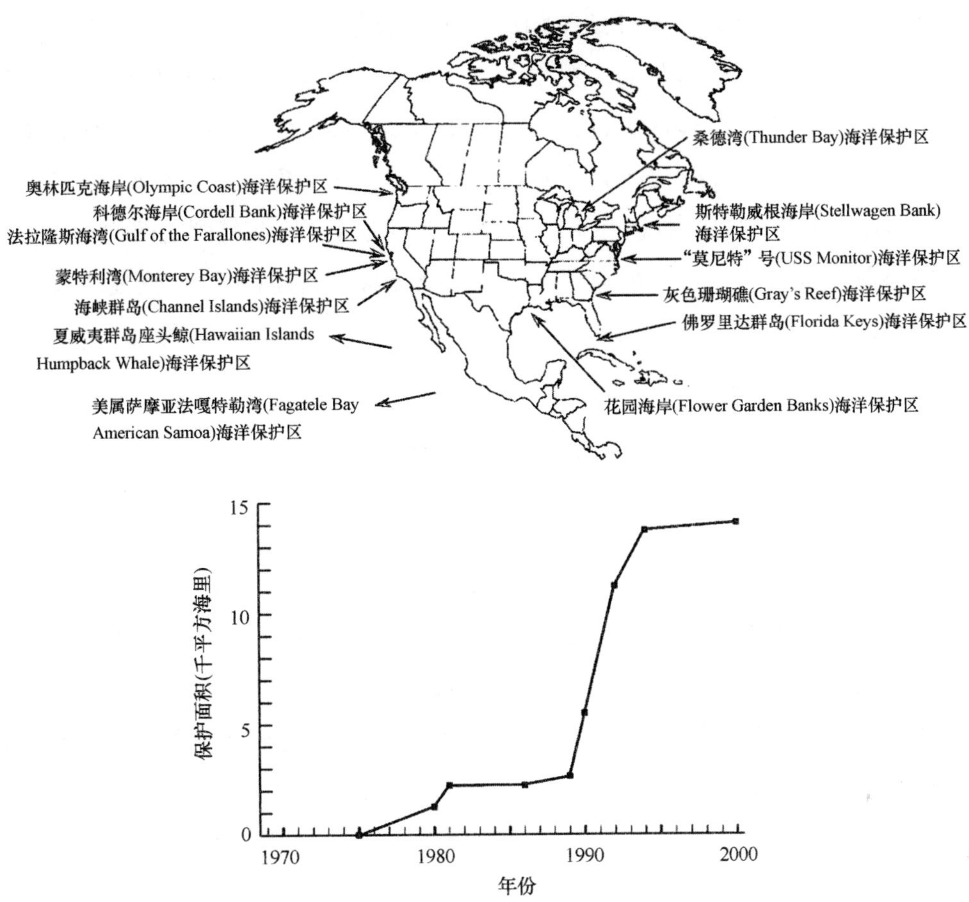

图 8.4　海洋保护区①

然而，限制某些用途可以带来环境效益，随着时间的流逝，这方面的科学发现，开始越来越广泛地被接受。海洋保护区是一个更广泛的体系，禁捕区只是其中的一小部分，随着保护水平的提高，许多普遍认可的海洋保护区的环境效益已经得到关注（Lubchenco et al.，2003）。海洋保护区意味着海洋中的一些地理区域被完全保护起来，禁止开采和破坏性用途。海洋保护区之内的生态系
统效益包括：海洋生物的丰度、多样性和生产力的增加，而更大面积的保护区 137
和更完整的保护水平又会进一步增加生态系统效益（National Center for Ecological Analysis and Synthesis，2001）。在保护区边界之外，也有一些证据表明，捕捞物

① 美国已经指定了 13 个海洋保护区，面积从 0.75 平方海里（2.6 平方千米，"莫尼特"号）到 4 023 平方海里（13 799 平方千米，蒙特利湾）。海洋保护区所涵盖的海洋面积在 1990 年前后迅速扩大，但后来一直保持稳定。该图不包括国家历史遗迹区，因为国家历史遗迹区有不同的认可程序。数据来源：Chandler and Gillelan，2004.

种的规模和丰度在增加，而且幼鱼的产出也补充了区域数量。在此背景下，海洋保护区网络可以抵消捕获量、缓冲环境变化，并为海洋群落提供保护。此外，在世界各地的许多沿海地区，社会系统和海洋保护区之间的关系正受到越来越多的关注（Christie et al.，2009）。总之，海洋保护区会促进生物系统的恢复力①（专栏 8.1）。有恢复力的种群和系统，会在受到灾害之后恢复到之前的状态。与寻求将系统恢复到与过去一些基准线有关的最佳状态有所不同，恢复力是另外一种目标。

专栏 8.1　恢复力

沿海地区是由自然变化和人类压力共同作用的。不幸的是，大多数拟人化的变化会减少某一地区在自然环境压力后的回弹能力。一种管理方法是提升能承受冲击力，有恢复能力的自然系统。恢复力最基本的形式是，人类和自然相互连接的系统，在承受干扰的同时保持其基本结构和功能的能力（Walker and Salt，2006）。结构措施包含了现存生物量、物种种群密度和物种丰度等元素。功能措施包括系统内营养物循环的速度和方式，或系统内植物或动物的增长率。此外，有恢复力的系统会比其他恢复力更差的系统，在更短的时间内恢复到以其传统猎物为食的类似生物群体。在此情况下，海岸管理者可能会努力创造条件，在洪水、飓风或溢油等灾害可能会改变海岸系统的情况下，使系统能及时恢复到以前的功能和状态。当灾害导致系统超过阈值，并适应了与之前不同的状态时，管理就会失败。迥然不同的生物群体会定义新的状态。

有关海洋保护区的科学共识越来越多，一种通过改变公共政策来反映这一点的方式是，做出一系列微小的改变，或增量变化。联邦管理人员是行动者的
138 目标群体，他们可以改造现有海上禁捕区的目标，并建立新的目标。可以要求科学家们优先考虑额外保护措施，评估海上禁捕区和其他海域之间的生态联系，并确定需要禁止开采用途的区域。此外，科学家可以构建监测方案，并确定海洋保护的缺失之处。海洋资源的使用者是主要的目标群体，可能会受到海上禁捕区内有关活动的新限制。随着时间的推移，渔民和其他人可能被排除在禁捕区之外，或者他们的活动会受限。相反，没有捕猎生物的赏鲸或潜水观察活动

① 恢复力：一个耦合的社会和生态系统恢复到其被扰乱之前最初状态、功能和特征的能力。

可能会受到鼓励，但要对这些活动的性质采取严格的约束。

随着政策的改变，工具或技术也发生了转变。在海上禁捕区内，禁止实施某些活动，如石油开发，而其他活动的规制则是通过许可证，这些做法都重塑了使用者的行为。例如，为减少受船舶撞击影响的鲸鱼数量，过境海上禁捕区的航线发生了改变。

通过现有各项计划所达到的增量变化，可以显著改变利用状态。然而，有些人认为，增量变化可能无法迅速或有效地根据情况需要做出改变。增量变化若不能满足社会的需求，会带来诉讼并使政府官员名誉扫地。有时候，管理上的失败会获得很多公众关注，成为政治候选人之间争论的焦点。随着争论的出现，政府官员能控制局面的情况越来越少。如果普遍认识到需要做出改变，可能就会带来根本性的变化。

根本性变化：生态系统服务

基于生态系统的管理的根本性转变是什么样的？在本节中，我们将考虑这种变化的基本原理，所涉及的政策因素，以及拟作根本性改变的例子。

快速和剧烈的政策转变并非没有先例。例如，1972 年的《联邦水污染控制法修正案》，俗称《净水法案》，就表现了从对自发的污染控制措施的依赖，到“命令与控制”方式的深刻转变。为了保护休闲活动和渔业，新的法律建立了许可证制度，确立了基于技术可行性的处理要求，以控制管道的污水排放。该法案规定了各个污染物的排放限制，并建立了监测和执行体系，以确保合规性。基于生态系统的管理以会危及社会和生态系统可持续发展的人类行为为目标，涉及众多政府和非政府的行动者，而且实施过程中，将涉及各种工具（表 8.2） 139
的混合使用，以及守约机制。

在追求根本性变化的时候，非常重要的一点是考虑推进这种变化的原则。表 8.1 对基于生态系统管理的解释说明，确立了一个明确的方向。此外，基于生态系统的管理的一个要素是可持续发展，其他注重此点的相关人士已经提出了四项原则来帮助其实施（Costanza et al.，1998）。首先，利益相关者应参与政策的制订和执行，而且这些政策应该具有生态可持续性和社会公平性。其次，决策制定机构的范围应与生态投入相匹配。第三，应谨慎对待潜在的破坏性活动，并应留有充足的机会来调整和完善政策。最后，科斯坦萨等（Costanza et al.，1998）认识到，海洋的可持续治理依赖于完整的社会和生态成本收益分配。如果利用市场机制，还必须做出调整，以反映出全部成本。

想要转变成基于生态系统的管理，需要我们在考虑决策过程时做出转变。在结构性决策中，会做出有关权力和控制的基本分配（Lasswell，1971；Clark，2002）。在基于生态系统的管理中，理想的建构决策过程①会优先考虑最广泛的共同利益，并产生足够的权力，以确保决策有效执行，得以在规划过程中对利益相关者的依赖，以及适应性管理方案的提出，就体现出了本质变化。

基于生态系统的管理的主要挑战是要考虑到影响生态系统的所有因素，并管理各项活动，以维持生态系统所提供的服务（Levin and Lubchenco，2008）。生态系统服务被定义为“自然生态系统……维持和满足人类生活所需的条件和过程”（Daily，1997，3），共有四类生态系统服务（UNEP－Millennium Ecosystem Assessment，2005）。从生态系统所获得的产品或商品，被称为供给服务。在沿海环境中，供给服务包括渔业、海水养殖②、遗传多样性、药品、交通、矿产，以及风能、潮汐能和波能。生态系统还提供调节服务，如通过碳储量和土地覆盖来调节气候，通过分解作用来调节水质，通过保护性地物，如湿地和礁石，来调节自然灾害。生态系统还提供文化服务，满足精神上的充实和审美、娱乐价
140 值。最后，间接而长远的利益被称为支持服务，这是所有其他生态系统服务成果的基础。水循环或营养物循环，以及光合作用，就是这方面的例子。

法伯等（Farber et al.，2006）已经列举过美国东北部一个河口系统所提供的各种服务，包括气体调节（二氧化碳、甲烷）、灾害调节（风暴潮、洪水），以及水和营养物质的调节。人类依赖于河口的娱乐、审美、精神和历史性服务。食品生产、土壤保持和遗传资源是系统提供给人们的额外服务。每种服务都与一种生态系统功能有关，同时人类活动也影响着生态系统的功能。因此，调整人类行为，使之与生态系统功能更兼容，可以更好地保证服务的连续性。

生态系统服务在多大程度上为表达基于生态系统的管理关键属性提供了一种方式呢？一些研究人员已经提出了基于生态系统管理的概念基础（Slocombe，1998；Yaffee，1999；Layzer，2008；McLeod and Leslie，2009；表8.1），而《千年生态系统评估报告》（United Nations Environment Program，2006）等，提出生态系统服务是使概念转化为实践的有效手段。由于生态系统服务经常超出机构的监管权限，所以其实施几乎肯定需要使用新的工具，如诱导和学习（表8.2）。支持生态系统服务举措的规则可以依靠各种工具，如市场、可流通的排污许可

① 建构决策过程：指采用何种决定方式来创制符合共同利益且可行的新政策。

② 海水养殖：在水池、围塘、笼筏或陆地池塘里养殖海洋物种。

证、政府所有权、政府法规、奖金、自愿缴纳等（Ruhl et al.，2007；Brauman et al.，2007）。生态系统服务需要基于自然系统的思想和行动，而不是政治管辖。区域范围内的工作，几乎肯定会深入地了解到累积效应，并且为了不危及生态系统服务，需采取相关行动。

如果将生态系统服务作为一种组织原则，那么有关政策就会发生变化，而实现政策的手段也会发生变化。一些个人或团体的目标群体将从中受益。例如，环境科学家会帮助创建新的海岸政策，在实施这些政策时承担重要岗位。那些寻求按照新的生态系统范式，管理自身活动的人，会展开工作和研究。一些人，比如那些以钓鱼为消遣娱乐的人，可能会看到其益处。相反，开采利用者可能会很有负担。通过关注长期的可持续性用途，实施基于生态系统的管理可能会在以其他生态系统服务为首选的区域内，限制某些捕鱼活动，停止采矿业或石油开发。

新的或改造后的政府组织将管理生态系统服务。政府官员的技术以及他们 141
的组织权限，会涉及多个问题，并同时要求采取具体行动来维持服务。

生态系统服务区是实现这一新目标的一种方式（Heal et al.，2001；Lant et al.，2008）。美国有许多为特定目的管理某一地理区域的区域组织。州级法律或地方性措施都可以划分出一个区域，来管理侵蚀、供水或洪水问题，这就是生态系统服务区的原型。生态系统服务区的地域管辖需与生态系统的特性相匹配，通过这种方式生态系统服务区得以联系起来，从而确保有效监管。生态系统服务区是一个政府实体，该实体会管理某一地理区域，并有权协调、划分区域和征税。假设生态系统服务区会选择以成本最低的方式来提供服务。例如，纽约市面临在管理其流域以保护饮用水质量和安装污水处理系统之间权衡的问题。通过在水库周围建立一个典型的生态系统服务区，城市能够而且确实从以生态过程来净化水的能力中获益，其代替了技术投资，并能达到同样的结果（Heal et al.，2001）。由于需要考虑更多的服务和价值观，整理分析不同方案的优劣势变得更加复杂，但目标仍是使可能的价值最大化。

以生态系统服务概念为基础，创建新的目标、机构和工具体系，将是一个很大的挑战。法律还没有纳入生态系统服务（Ruhl et al.，2007），而且最终是由立法机构负责制定现有基于生态系统管理举措的要求（Rosenberg and Sandifer，2009）。在总结现有基于生态系统管理的法律依据时，瑟尔斯·琼斯和甘尼（Searles Jones and Ganey，2009）指出，有必要果断采取行动，转变现有的制度体系。因此，虽然生态系统服务机制的原型目前正在产生影响，但规定这些机制的总体联邦政策并不合适。适宜的政策会有明确的要求、改进的元素，以及明确的决策规则和权限，来管理冲突、权衡取舍，同时利用决策结构来划定生态系统的边界。

生态系统服务的概念也不是没有缺点的。完全基于生态系统所提供的货币优势来管理生态系统本身，可能促成这样一种观念，即“自然只有在，是或者可以成为有利可图的时候，才是值得被保护的”（McCauley，2006，28）。鉴于这
142 种缺陷的存在，支持者必须谨慎地设计工具和组织各机构，以确保生态系统功能的广泛范围和生物多样性得到保护。否则采取的举措可能导致挑选出来的生态系统服务只能获得最小的利益，并可能伤害到其他人（Daily and Matson，2008）。尽管存在这些问题，但生态系统服务还是给海岸和海洋地区提供了一种新模式，这可能预示着海岸治理的根本性变革。如果这种新方法得到有效执行，可以带来重要利益。

总　　结

基于生态系统的管理认识到了人类经济和社会系统需要适应生态系统；这种管理方式改变了决策过程，以鼓励协作和公平[1]；而且，它还依赖于灵活的实施。尽管这一逻辑很好地切合了时代，且受到许多自然科学家的支持，但其他人还是会质疑其是否令人信服。也就是说，人们现在在做海岸相关决策时会利用这些原则吗？虽然最终的答案短期之内不太可能出现，但沿海水域氮富集等情况表明，基于生态系统的管理的有关概念已在解决海岸管理问题中越来越实用。

更改国家政策，对生态系统作考量，会涉及政府内外的各种活动。生态系统治理包括政府行动和私人行动，利用了传统的和新的政策工具，以促进人类行为与社会和自然系统的长期健康发展保持一致。这些工具包括规则、激励、教育、技术援助、学习和其他规范人类行为的方法（表 8.2）。

变化可能是渐进的，也可能是根本性的。许多人认为，根据现行法律，增量式的改进是可取的，海上禁捕区就可作为相关例证。以下两章关于流域和渔业的论述，还将进一步评估增量变化的现状。而其他一些人则认为，如果生态系统治理想要取得成功，需要根本性的变革。生态系统服务区集中在管理自然

① 公平：指在全社会公平分配经济活动收益的观点。

环境提供人类需求的价值方面，并呈现了一种可能发生的根本性变革。治理改革的继续，无论是增量的或根本性的，都将遵循公民态度和需求的转变。对关注海岸的人来说，其挑战是了解新管理方式的性质，并在需要的情况下建立治理制度使其成为现实。

第 9 章　流域和海湾

正如我们在前面章节中所述，生态系统管理的核心目标是缩小各个部门之间以及人类与自然系统之间的分歧。这种整体性的方法对流域管理来说可能有特别效用，流域[①]就是超越了陆地与海洋之间、人与自然之间人为界限的区域。由于河流流入海洋，会带走农业、工业以及其他陆上活动的污染物，所以人类在流域的活动决定了许多海岸的状况。因此，将流域和沿海海湾作为一个单元来管理，似乎是合乎逻辑的。不幸的是，行政方面存在阻碍。在本章中，我们将探讨这些阻碍，探究历来是怎样管理流域的，以及生态系统方法可以如何改善相互联系的陆上景观和海景的管理。

流域管理的演进

北美的第一批欧洲探险家沿着河流廊道移居内陆，且定居点在内河水道近陆范围内。后来，河流供水促进了城市的发展，水力推动了制造业的发展。供直接用水、航行和经济发展的河流，对国家的发展来说至关重要。那么，政府长期以来一直专注流域内的个体活动就并不奇怪了。但随着时间的推移，为响应不断变化的社会价值观，政策也已经发生了转变。

144 从国家成立初期到约 1900 年，河流推动了由私营部门实现的经济发展。约翰·韦斯利·鲍威尔（John Wesley Powell）提出，水权与土地有关，且流域的利用应当作为管理的一个单元（White，1969；Sabatier，2005b）。通过这些观点，鲍威尔预见了许多正在进行的有关土地与水关系的讨论。早期，美国陆军工程兵团通过航行系统的结构性改进，促进了私有利益的发展。19 世纪 70 年代，为应对密西西比河沿岸的洪水，陆军工程兵团也开始建设防洪堤坝[②]，保护河边的社区。

到 20 世纪早期，政府已经从只注重民营经济活动，转向更有公德心的投入

① 流域：由排水线与其他区域分割开来的地理区域。同一流域内的水、沉积物和溶解物将汇合至公共出口，如溪水、河流、湖泊或海洋。

② （人工）堤坝：为防止洪水，修筑与河床平行的堤防。

到流域活动中。进步人士强烈要求以对大多数美国人最有利的方式来管理流域（Sabatier et al.，2005b）。市民日益期盼由技术上受过培训，但是中立的官员来管理政府项目。联邦建造水坝来控制洪水、供给城市和灌溉用水、发电，并提供娱乐机会，以此出现了为多种目的而进行的水资源开发（Goldfarb，1994）。发展中的城市，如纽约、丹佛和洛杉矶，会管理河流，并在离市区很远的地方建造水库，以确保有足够的供水。

为管理目的，各条河流被视为从源头到海岸的多个单一单元。流域是从表层或地下水来汲取供水的地理区域。分水岭会划分流域，且通常都是高地。在这些有明确界限的地理单元内，人类用途通过各个水系得到整合。

到了 20 世纪 30 年代的大萧条时期，河流管理已经成为为某一地区经济发展规划和管理的同义词，通常定义其为流域（Wengert，1985）。政府资助的基础设施，如水坝和疏浚渠道，被视为促进制造业和航运业中民营经济活动的有效手段。在这种情况下，流域管理包含了在整个流域范围内的活动，并且涉及除了水资源以外的其他资源（Barrow，1998）。例如，联邦政府在 1933 年创建了田纳西州流域管理局，通过发电、防洪、航运和化肥生产来提供经济机会。这种基于河流的经济开发区的管理单元包括：田纳西州的大部分地区，阿拉巴马州、密西西比州和肯塔基州的部分地区，以及其他三个州很小的一部分。田纳西州 145
流域管理局在对河流和流域明智的管理下，将减少贫困、改善环境。当然，这些进步和发展需要管理活动可以跨部门、跨行政辖区和跨机构。但不幸的是，许多其他领域还未能复制这种做法。

到 20 世纪 50 年代，河流开发已成为单用途或多用途的活动（White，1969）。市级政府、地区政府或联邦政府机构，会为某一单一目的而建造航道、水坝、污水处理厂等设施。单一机构、单一用途的建设在那时的经济框架中往往很容易合乎情理，并不需要考虑替代方法，并有明确拥护者的可靠支持。此外，私营单一用途的建设虽然提供农村供水、灌溉和水力发电，但会采用更广泛的技术，并关注经济指标，而不管对景观和社会的影响。

多用途设施成为了一项有吸引力的选择。水坝的修建有综合利益：供水、水力发电和防洪。怀特（White，1969）以水资源项目的用途、方法和负责机构来描述其特点。例如，在远远超过一个世纪的时间里，美国陆军工程兵团（机构）已经通过疏浚（方法）来扩大航运（单用途）。或者，由多个机构利用多种方式，如在上游修建水坝和在下游修筑防洪堤，来实现减少洪水这一目标。公共管理者也可以开展活动，如以创建湿地为方法，满足防洪和野生动物栖息地保护等多重目标。当使用术语“多重”时，重要的一点是要认识到这一术语既可用于目的，也可用于方法。

刚刚指出的方法是结构性的，也就是说，包括对水流的控制（航道、水坝、导流建筑物、污水处理厂和水电站），所有这些都可以通过政府计划或私人行动来构建。方法也可以是非结构性的，如市场、分区制、监管、激励和保险。不必建设防洪堤，而可以考虑用激励措施来鼓励人们搬迁出洪泛特别危险区。在某些情况下，结构性控制是在鼓励人们居住在洪泛滩区，而这些地区的构筑物如果坍塌，将会造成特别大的损坏。

20 世纪 70 年代联邦立法的变化已表明，过去 10 年一直在升级的分裂情况。意外地，水质优先于其他关注点，成为了联邦政策的组织原则。

146 《国家环境政策法》等的通过，就是这一变化的证据。另外，通过修订水资源相关立法，改善水质方法的基础变为，每条管道排放都要满足限制其中污染物的标准。这一变化减少了跨流域的协调（National Research Council, 1999）。政府在 20 世纪 80 年代取消了许多流域管理计划的联邦资金。总统已在 1970 年创建了一个新的强大的组织——国家环境保护局。此外，政府和公民在流域上的相互作用也发生了改变（Sabatier et al. , 2005b）。联邦资金支持各州提高其了解水污染有关技术问题的能力，拓展建设项目的能力，并创造更有效地应对公共利益的方法。早期阶段，联邦控制很强势，后来州级政府和地方政府则位于核心地位。

流域管理的衰退是短暂的，20 世纪 90 年代的时候，实现环境目标将需要回归到区域管理，这一观念很快变得清晰起来。例如，鲑鱼数量的下降被认为是伐木、筑坝和开发带来的流域栖息地破坏所导致的。此外，对污染控制的关注已经从分散的土地利用活动（被称为非点源污染）转移到径流。如果想要成功地保护河流和沿海水域，对鲑鱼或者非点源污染，以及其他相关问题的管理，需要从流域角度来看。

了解流域的作用，可以从两个角度来探究。第一也是最常见的角度是，陆海连接是通过水循环①完成的。科学家们认识到，在水循环中，太阳能蒸发的水落到地球表面，并通过多种途径流到海洋（Gregersen et al. , 2007）。在流到海洋的过程中，有许多阶段都会受到人类活动的影响，而这些阶段又会影响到地表或地下水流的体积和质量。因此，风景及人类对风景的利用，会通过循环中的

① 水循环：指存在于陆地、海洋、大气之间的水交换，过程包括蒸发、降水、地底与地表径流。

水的数量和质量而影响到海岸。

第二种角度是基于人类的用途。当一个人认为，管理是试图改变人类行为时，这种方式的价值就会变得清晰起来。有代表性的流域用途如图 9.1 所示。图中左边一栏显示了流域和海岸的利益。如果有与利益相关的重要活动，就用星

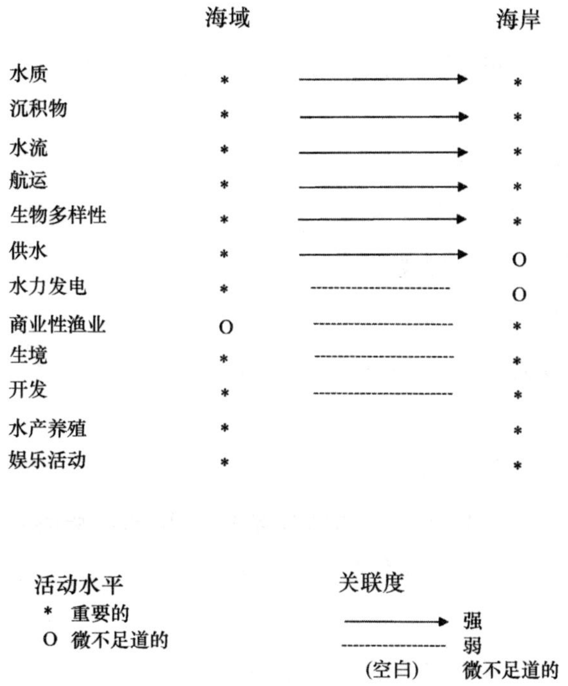

图 9.1　流域活动和海岸用途的关联度① 147

号表示；如果与海岸有很强的关联，就用实线将其与海岸符号连接起来。如果想要保护近岸海湾的水质，管理的最高目标是流域利益，至少有一个星号，且有很强的流域—海岸联系。例如，有关景观的决定会影响河流的沉积物补给，而河流管理会影响海岸的沉积物供给，并影响沉积物最终的所在位置。在图中的四种情况下，虚线表示了更低的关联性。其中，水力发电多在内陆实施，因为内陆的条件有利于水力发电的开展，且减少了与海岸情况的关联度。相比之下，供水则可能会导致海岸情况的重大改变。过度取水，特别是在西部，会使 148
海湾失去淡水供应，而且在某些情况下，已经完全消除了流向河口和海洋的淡水。因为在图 9.1 中，有六种用途将流域与海岸紧密联系起来，所以人们可以很

① 人类在陆上和河流中的活动会影响水的体积和质量，从而影响河口与海洋的用途。因此，将流域和沿海水域作为一个单一单元来管理，可以带来许多好处。

容易地理解，将流域和海岸作为单个单元来管理是非常有利的。

无论是从水循环还是从人类用途的角度来看流域—海岸系统，都很明显，需要全面的管理。在这一背景下，流域管理的复兴将是本章其余部分的主题。这一挑战的关键因素在于，协调各个联邦机构在同一流域进行的不同活动。

河流/流域管理：机构简况

虽然土地、水和空气都是通过自然过程相互连接，但生物物理关系不一定反映在联邦机构的合作中。各个机构往往侧重于不同的用途。以部门为基础的管理占主导地位。事实上，田纳西河流域管理局的一个特色就是将自然资源管理和经济发展结合起来，但这一点却逐渐丧失。尽管整体性管理的一些要素可能会在一个机构中或通过一个涉及多个机构的计划集中起来，但这方面的例子很有限。

然而，自然过程整合了不同联邦计划在同一流域的实施效果，不论这些计划之间的协调是否已经设计过。当各个组织以不同目的在某一流域进行管理的时候，可能会出现问题。界定总体挑战的一种方法是，确定政府机构的责任。

表 9.1 描述了水资源和流域管理的部分机构职责。联邦机构的数量，以及各机构之间存在的重叠和潜在的冲突责任，例证了政府的行政部门中存在各自为政的情况。土地管理局、林务局和国家公园管理局持有和管理土地，主要集中在美国西部。前两个机构负责监督木材、饲料、矿物质和石油的开采。而国家公园管理局则侧重于保护和娱乐用途。所有这些联邦土地所有者对土地和水资源的管理都与他们所提倡的用途相一致。

149 **表 9.1　联邦机构的流域活动**

机构	目标/任务	方法/项目示例
陆军工程兵团	增强安全性和经济，同时降低灾害风险的工程服务	水库建设、土建工程计划、疏浚和填土许可证计划
土地管理局	根据多用途和持续产能原则，保护、开发、利用土地和资源	保护土壤和提高水质的流域管理
垦务局	水供应和水力发电权力	大坝维护和水电生产
环境保护局	协调努力保持国家水域的清洁和安全	国家污染物排放消减制度、非点源污染控制

续表

机构	目标/任务	方法/项目示例
联邦能源管理委员会	水电项目位置	许可证
鱼类及野生动物管理局	鱼类、野生动物和生境保护	国家野生动物保护系统、濒危物种计划
林务局	土地的可持续性多用途利用，满足人们的多样化需求	木材销售许可程序
国家公园管理局	为当世后代保护公园系统的自然和文化资源	国家公园和海岸
自然资源保护局	帮助私人土地所有者开发和实行的志愿努力，保护自然资源	环境质量激励计划、小规模流域计划、环保休耕计划、湿地储备计划

来源：Office of Federal Register，2008；Goldfarb，1994；agency Web sites.

在联邦能源管理委员会和垦务局的主持下，才能批准或实际生产水电。因为垦务局负责操作设施，所以其也是主要的供水者。通过协助私人土地拥有者选择并管理景观内的化肥和植被，自然资源保护局可以影响河流中的沉积物和 150
氮负荷。物种的生存需要有适宜水质和水量的栖息地，依据《濒危物种保护法》，鱼类及野生动物管理局有确保物种生存的职责，因此在这一方面有特殊利益。总的来说，这些机构做出的决定可以对岸上的淡水品质、时间控制和水量产生很大影响。

美国陆军工程兵团通过其民用工程项目，在整个流域建设水坝和修改航道。陆军工程兵团通过其疏浚和填土项目，决定了在哪里以及如何发展航运。其中的许多决策，也往往是最引起争论的决策，都是在海岸地区。改造流域和海岸的形状，可以改变其中的水流并降低洪水风险，但往往会对其他自然过程和价值造成重大影响，冲突由此发生。例如，鱼类及野生动物管理局侧重于整个流域和海岸地区的生物及其栖息地。管理局通过国家野生动物保护区制度直接控制土地，并寻求保护濒危物种，同时对发展规划产生影响。从水的体积或质量会决定生物体命运这个意义上来说，鱼类及野生动物管理局将做出影响流域和水资源的决定。因此，可以看出，航运发展会影响到栖息地或水质，这会与物种保护之间产生冲突，并导致两个有不同任务的联邦机构之间出现冲突。

最后，美国国家环境保护局负责保持海域清洁，并在整个流域实施监管程序。国家环境保护局会做出与上游和海岸地区排放许可相关的决定，这在很大程度上决定了近岸水质。鉴于国家环境保护局的优势地位，其活动将在下一节更详细地考查。

管理景观以保护/恢复海湾

流经景观和景观地下的受污染水域，被称为非点源污染，会损害海湾内的水质。在大多数情况下，这些污染水域都逃脱了有效的管理。在美国的监管体系中，污染水域的排放方式决定了大部分的管理逻辑。如第3章所述，通过管道排放的污水必须满足污水处理的技术标准。排放者必须安装并正确操作技术，在污染物排放之前，消除大部分麻烦的问题。否则，不会被授予排放许可证，或者违反这些要求会受到处罚。为评价这一方案的整体有效性，可以考虑发放
151 许可证的数量和严格程度，污水排放前所消除的污染物量，以及其他参数。目标的清晰度、分散的技术方案、明确的权力和有效的实施手段，使大多数点源污染控制计划从污水处理所分离的污染物方面来看，都获得了成功。

然而，许多流入沿海水域的污染物都不是通过管道排放的。如果我们的目标仍然是保持水质优良，且管道排放得到了控制，但水质的变化趋势仍未改善，那么考虑其他污染源就变得极为重要（Burroughs，2003）。目前的管理计划是通过不同类型的人类活动（农业、林业、水电改造、湿地等栖息地变化、码头、矿业、道路和城市化）把非点源污染分类。

为了了解非点源污染的重要性，可以假设我们已经有一项运作良好的海湾点源污染控制计划，但是海湾内的某些污染物水平仍然很高。切记在一个点源污染控制计划中，设置排放水平的基础是技术。按《净水法案》的要求，我们假设，通过为每个管道排放规定一定程度的技术，限制点源污染的排放将使得水质适宜捕捞和游泳。但在我们所假想的海湾，情况却并非如此。哪里出错了？一种可能性是假设不正确，即所有的污染物都是通过管道流出的。污染物还可能通过地表径流、地下水和空气排入海湾。如果没有限制非点源污染，景观活动可能会成为水体未达到期望值的主要原因。此外，为寻求获得高质量的沿海水域，非点源污染越是比点源污染严重，非点源污染的管理就更为重要。

《净水法案》通过一些条款处理了非点源污染排放的问题。第208条规定，各州受财政支持，并被赋予很大的制定区域规划的自主权。由此产生的地理上的具体规划，会确定污染源和相应的管理方式，包括转变土地用途以减少污染物的排放（Anderson，1999）。不幸的是，这些规划并没有被实施（Adler，

1995），而且这种方法也未能改善沿海水质。

根据 1987 年《净水法案》修正案第 319 条，要求各州报告不符合预期用途的水域，并创造最佳管理实践①，管理导致污染的活动。对暴风雨水的最佳管理实践包括：修改成熟景观的规划，使蒸散、渗透和滞洪可以降低洪峰流量、总 152
雨水量和流入受纳水域的污染。然而，各州的参与是自愿的，并没有强迫各州惩罚未能改变做法的非点源污染源（Johnson，1999）。若没有明确的权力、详细的监测和执法权力，《净水法案》的这一条所产生的成果将很有限（Ruhl，2000；Anderson，1999）。

《海岸带管理法》于 2000 年重新授权，提供了一个创造非点源污染控制计划的机会，这将特别有利于近岸水域。根据第 6217 条，联邦政府的沿海计划要求各州通过强制性政策来控制非点源污染，改变土地用途。各州的规划必须说明如何开展控制产生非点源污染的活动。实施计划预计将历时 15 年。

最后，《净水法案》第 303 条要求有受污染水域的各州计算污染物的最大日负荷总量②，即在可以忍受的同时仍然追求预期用途（Healy，1997；Houck，2002）。了解特定污染物的可接受流量，仅是此过程中的第一步。接下来，污染负荷分配会摊派给每个污染源。不幸的是，这种方案的调整权力很弱；具体的污染物负荷很难确定；而且关于负荷分配的各种各样法律问题已经出现（Ruhl，2000）。此外，通过法规变动来试图澄清方案中的过程，这一直存在争议。通过景观管理来满足近岸水域的目标一直是切萨皮克湾（Chesapeake Bay）水质问题的最大挑战，这也是下一节的主题。

切萨皮克湾的流域管理

当所涉各方达成共识，认为需要解决某一环境问题，并相信全面的管理系统将最终有利于所有各方时，就会出现针对流域和海岸地区的区域解决方案。由于海湾水域相关问题涉及多个政治辖区，环境使用问题很快成为一类需要新的、更全面的行政机构来加以解决的问题。

两个多世纪以来，毗邻切萨皮克湾的各州已经商议了区域性安排，以促进

① 最佳管理实践：从技术、经济和制度的层面来看，为控制点源和/或非点源污染所采用的最有效的技术或管理手段。

② 最大日负荷总量（TMDL）：在不违反水质标准的情况下水体可接受的污染物负荷，该负荷包括对点源及非点源构成的负荷量。

他们自身的利益。在1785年的一项协议中，弗吉尼亚州给予前往马里兰州的船舶自由进入切萨皮克湾的权利，这两个州都规定其公民可以航行于波托马克河
153 (Capper et al., 1983)。到了20世纪初，影响牡蛎的污染已成为多年来一个重要问题。美国国会批准了一项在此方面的研究，而且在弗吉尼亚州和马里兰州卫生官员的协助下，于1916年出版了波托马克和切萨皮克湾的相关报告。1963年之后的几年内，公共卫生部发起了一个项目，范围涉及萨斯奎哈纳河（Susquehanna River）和切萨皮克湾的水质问题。该项目指出，水质管理决策需要一个流域性的框架，并呼吁重视湾内水域的富集度，这也是问题的一个根源（Capper et al., 1983）。这些讨论导致了1940年波托马克河流域州际委员会的成立，并于1970年得到了调整，同一年还通过联邦法律确立了《萨斯奎哈纳流域管理协议》(Susque-hanna River Basin Compact)。

最近，随着1972年的联邦水污染防治立法发生重大改变，涉及切萨皮克湾的合作时代开始了。在合作中，环境科学家将流域/海湾问题界定为，如果想要得到解决，需要行政体系做出改变的问题。推进机构和组织变革的各种环境问题结合起来，就体现了采用生态系统管理原则的增量变化。

1975年，美国国会指示国家环境保护局进行有关切萨皮克湾的大量研究，这引发了一系列关于水体的行动（表9.2）。当时，许多人认为，更好地了解自然系统可以为海湾内的污染治理奠定基础。1972年夏天的大暴雨和之后的洪水，提升了需要评估众多影响因素的意识，如沉积物对沉水植物的影响（Boesch and Gold-
154 man, 2009）。国家环境保护局为期7年的研究结果，强调了人类活动和海湾系统健康之间的联系。此外，科学研究提出了似乎需要新的治理结构来有效解决的问题。

表9.2 政府组织及其在切萨皮克湾的行动选编

1975年切萨皮克湾科学研究（美国国家环境保护局）
1980年切萨皮克委员会（主要的州级层面立法者）
1983年《切萨皮克湾协议》（流域/海湾组织结构）
1983年切萨皮克执行委员会（主要的管理者）
1987年《净水法案修正案》（联邦法律中的切萨皮克湾规划）
1987年《切萨皮克湾协议》（恢复海湾，减少40%的营养物）
1992年《切萨皮克湾协议》（支流的协调管理策略）
2000年《切萨皮克湾协议》（详细的恢复目标）
2009年总统行政命令（7个联邦机构之间的协调）

1978年，马里兰州—弗吉尼亚州切萨皮克湾立法顾问委员会对海湾重新使用了双州共管的方式（Chesapeake Bay Commission，www. chesbay. va. state. us）。两州在渔业方面的谈判可以追溯到几十年前。然而，该委员会表示，虽然相关机制可能类似，但目标扩大到了环境质量。立法顾问委员会建议成立切萨皮克委员会，后者于1980年建立。1985年，宾夕法尼亚州加入了弗吉尼亚州和马里兰州的这个委员会，这一变化使得除了公民和州政府官员外，每个州可以有5个州立法委员供职服务于此委员会。该委员会为州级立法部门提供建议，并作为国家环境保护局切萨皮克湾计划的立法机构。

1983年，马里兰州、弗吉尼亚州和宾夕法尼亚州的州长，哥伦比亚特区的市长，切萨皮克委员会主席，以及国家环境保护局局长签订了《切萨皮克湾协议》。由于最近完成的有关海湾的科学研究已经表明，生物资源在下降，所以观察家认为，国家环境保护局和各州之间有必要展开合作，以便完全解决流入海湾的污染物。该协议成为了新结构的基础，这种新的结构允许多个政府实体协作解决海湾/流域环境问题。该协议建立了切萨皮克执行委员会，以监督改善海湾水质和生物资源的活动（Chesapeake Executive Council，www. chesapeakebay. net/exec. htm）。1983年的《切萨皮克湾协议》还创建了一个执行委员会，并呼吁设立一个联络办公室，这就是国家环境保护局在马里兰州安纳波利斯的切萨皮克湾计划（www. chesapeakebay. net）。继1983年的协议后，许多州都采取了措施，按照区域目标来管理土地和资源（Costanza and Greer，1995）。

回过头想一想，这一流域和海湾的协调管理行政安排是非常复杂的。在联邦层面，需要协调主要管理陆地（农业部和内政部）、管理滨海土地和水域（国家环境保护局、国防部、国土安全部、交通部），以及主要管理近岸水域（商务部）的部门或机构。这种水平划分海湾和流域管理责任的做法，在遇到垂直维
度时会更加复杂，垂直维度涉及州、县和地方政府。到2000年，弗吉尼亚州、 155
马里兰州、宾夕法尼亚州和哥伦比亚特区都成为了州级参与者，并带来了众多的县政府和地方政府。此外，还建立了跨州级立法机构的组织实体——切萨皮克委员会，以及另一个涉及各州和国家环境保护局的组织——切萨皮克执行委员会。所以，该流域/海湾范围内的协调管理，至少涉及7个联邦一级、4个州级、2个跨州和联邦的协调单位，以及众多县级和地方政府。即使是有限形式的行动能力，也需要实质性的政治意愿和各位管理者的高超技巧。然而，重要的行动还未开始。

随着时间的推移，切萨皮克执行委员会成为了致力于恢复和保护切萨皮克

湾的机构，到1987年，共选出了8项需要完成的目标。在这一点上，各当事方已开始确定恢复海湾活动的进程。通过支持一种综合性管理海湾系统的方法，并提供给公民更多的参与机构，各签署方的方法和过程，是一些在采取生态系统管理中使用的原则。此外，通过寻求管理人口增长和土地开发，同时恢复海湾内的生物资源及栖息地，他们将陆地和海洋牢牢地连接起来。最重要的是，他们寻求实施“一项全流域性的策略，到2000年之前，平稳实现至少减少40%流入切萨皮克湾主河道的氮磷元素”，以减少缺氧情况（Chesapeake Bay Agreement，1987）。这一有争议的目标并未实现，其需要一个强有力的计划，通过改变陆上活动，来满足海湾水质的目标。

1987年，《净水法案》进行了修订，确保了联邦资金的年度审议，批准了美国国家环境保护局的切萨皮克湾计划。具体来说，该法案指示国家环境保护局继续开展切萨皮克湾计划，协调有关努力，特别注意沉积物和营养物以及其他污染物，改善水质。美国国会的这一行动使得海湾及其流域的利益相关者所选择的解决方案进一步合法化并获得授权。授权各州是实施切萨皮克湾计划的主要方式。

1992年，《切萨皮克湾协议》进行了修订，将重点放在海湾支流上，将此作为达成1987年提出的减少氮磷元素目标的一种手段，并用沉水植被的分布作为
156 衡量进展的一项初步指标。支流策略将通过使用最佳管理实践，确认出减少海湾营养物和沉积物负荷的方法（Hassett et al.，2005）。首选做法包括植被缓冲带、农业变革和暴风雨水储存/净化。农业活动中，可以改变施肥措施，种植覆盖作物，并且以最低限度的土体扰动来进行种植活动。此外，各签署方确认，氮的空气沉积是应该考虑的另外一个因素。

2000年的《切萨皮克湾协议》肯定了先前的目标，并确认了某些情况下满足目标所需要的行动。各签署方希望本地牡蛎数量可以增加10倍，目前堵塞的河流中溯河鱼类的通道可以得到恢复，而且捕蟹业也可以恢复。通过设定目标，即永久保留流域20%的土地避免开发，并凭借各种手段减少30%的无计划扩张，各签署方再次强调了土地利用的做法。为了让许多人可以享受海湾，各签署方还提出，扩大30%的公共入口数量。

在最近的2009年，美国总统奥巴马下令7个联邦机构开展各自符合流域目标的活动。这遵循了1994年联邦机构之间的生态系统管理协议，该协议倡导在切萨皮克湾的管理合作关系中协调研究和数据。在一项行政命令中，总统设立了切萨皮克湾联邦领导委员会，以监督计划的制订及其实施。虽然方案的确立

是为了更好地协调各种现有举措，但这个方案却包括了适应性管理的原则和生态系统管理的决策支持。在适应性管理中，为确定今后行动的最好方法，其基础就是实施和评估各种解决方案。其他人也提出了同样的想法，作为生态系统管理的关键原则。

正如我们所看到的，切萨皮克湾的政策已经修订了好几次。但这些修订有带来成功吗？一项评估将计划的最初几年分为关键问题的确认，然后是确立跨州和联邦的合作计划，该计划到 1992 年已扩大了海湾恢复的目标和承诺（Hennessey, 1994）。当时，该计划很被看好，但就所需行动方案达成协议只是计划执行的一部分，虽然其也是政策过程的重要产物。一个真正成功的计划还必须包括改变人类行为的手段，必须记录自然和社会环境的实际变化。

监测海湾水域底部氧含量的变化已经变得尤为重要。为了减少缺氧情况， 157
必须在整个流域和空气域采取行动。所以这一指标成为了评估切萨皮克委员会对人类行为产生影响的能力和低氧问题解决程度的一种方法。所收集的有关水质、栖息地和生物体的数据，已经用于建立动态趋势和告知有关观察者类似计划的情形（Leschine et al.，2003）。而切萨皮克湾的监测结果并不好：农业仍然是过剩氮素的主要来源。恩斯特（Ernst，2003）发现，在最初注意到营养物问题，并将之归于非点源污染的几十年里，农业利益阻碍了解决营养物问题的努力，而这一问题是恩斯特所指的主要海湾环境危害。这一发现放大了其他的一些批评，这些批评认为溶解氧水平、蟹、牡蛎和其他海湾系统的恢复很有限。后续的各项评估已经指出，相关管理缺乏协调，特别是农业管理和郊区发展之间的协调（Government Accountability Office，2008b；EPA，2006，2007）。农业与流域的城市化是 1992 年《切萨皮克湾协议》的支流策略目标，由于缺乏政治意愿，已经证明是尤难解决的问题。因此，海湾保持在一个表面上稳定，但是有所退化的状态（Boesch and Goldman，2009）。

流域和海湾的生态系统管理

切萨皮克湾的经验表明，目前流域和海岸的管理有以下不足之处：具体而言，缺乏整合、协调，并未充分考虑自然过程。基于生态系统的管理是基于自然科学，正获得大量的全国关注，以令人信服的方式改善着连接社会和自然系统的方法和结果。但为了起到作用，需要将其纳入到政策过程中，我们将在这一节讨论。

大多数政策讨论都是从定义一个问题开始，即现状和目标之间的差异（表 9.3）（Burroughs，2003）。这一差异最初是在环境方面认识到的，但这些差异时常会使人认识到，需要新的机构来解决这个问题。在切萨皮克湾的例子中，现状（水质差、捕获量降低）和健康的、多产的、有恢复力的水体目标之间有很大的分歧。基于生态系统的管理通过优先考虑自然系统的功能，有可能帮助缩小差距。

158 **表 9.3 生态系统管理和政策过程**

政策过程阶段	生态系统的视角
问题/目标	寻求健康的、多产的、有恢复力的生态系统 保护/恢复生态系统服务 可持续的人类利用
解决方案	利益相关者的参与 协调规划 生态系统边界的区域尺度 恢复力 评估累积效应
选择	协同决策 倾向预警
执行	跨机构和跨管辖区域的协调 适用新工具
评估	前期监测、用后监测 适应性 利益相关者的合作

正如我们在第 2 章中所看到的，政策过程的第二个阶段是解决方案的设计，这些解决方案会利用工具来改变人类行为（表 2.1 和表 8.2）。虽然在过去，流域管理往往是一种自上而下、机构专管、命令和控制的方式，但基于生态系统的管理则授权利益相关者参与到政策的制定中。利益相关者给需要考虑的环境问题带来了人的维度。政策制定中的共享知识，以及政策实施中的集体意志，视为实现更有效方案的途径（Sabatier et al.，2005a）。

基于生态系统的管理原则也影响了解决方案的内容。由于解决方案的尺度是在生态系统层面，所以很重要的一点是，边界范围要匹配自然系统，而不是政治系统。政治边界会任意划分环境和社会系统，这使得综合管理非常困难。与有关沿海地区相配合的流域管理，这种方式允许制定和实施统一的营养素、水流、经济发展和沉积物政策。

基于生态系统管理的支持者认为，新政策应从由此产生的社会/生态系统的弹性如何这一角度来审查。依靠这种弹性，制定者期望，所产生的相互关联的流域和海岸系统，将能更好地承受干扰，并保持其基本结构和功能。根据这一原则，各项措施将针对放大干扰和影响基本生态系统功能的人类活动。 159

弹性的解决方案可以解决累积效应。累积效应可以从两个方面来了解。首先，如果没有限制，法律上认可的生态系统使用者（污水处理系统、渔民等）数量可能会增长，所以即使每个使用者都合法操作，累积下来的影响也是不可承受的。其次，有可能不同类型的用途，会通过自然或社会过程使其影响叠加起来。尽管每种用途都符合规定，但不同来源的压力，若只是影响生态系统的单一部分或过程，会导致衰退。为了解决这些累积效应的问题，政府有时会限制捕捞许可证或宅地的数量。然而，将科学认识上的累积效应转换成跨部门的有效管理，已被证实是相当棘手的（McLeod and Leslie，2009）。

在方案选择阶段，会从被提出的解决方案中采纳一个。理想情况下，当权者们会遵循公共政策的理性模式，并选择一项符合所呈现“事实”的解决方案。但往往，“价值观”也影响了选择。已建立了详尽的政府构架，以在选择过程中纳入各种社会价值观，但也有人会说这一种政府构架是失败的。然而，在利益相关者的合作过程中，新政策所管理的个体，或其他对新政策有兴趣的个体，会被授权直接适用其价值观来选择解决方案。如果这些价值观反映了社会的共同利益，那么决策相对而言将会没什么争议。如果该政策方案只服务于少数人的需求，却影响了很多人，就会出现异议和诉讼。如果人们有不同的利益，各种合作过程则可以减少新政策选择过程中和选择后发生的冲突。此外，要注意的是，社会价值观与生态系统管理相一致的程度，就是这种新方法可能会被美国国会、联邦机构的决策者，或地方官员所采纳的程度。支持者们希望，认识上的进步、危机，以及明智的领导，将为更坚定地支持基于生态系统管理的选择开辟道路。

由于合作者们可能针对某一特定属性而寻求风险最低的政策，所以选择的方案还可以是预防性的。预警措施承认，生态系统行为的复杂性可能会导致意外，科学预测和社会预测并非总是准确的（Moore and Russell，2009）。通过采取具体行动，通常是进一步限制人类利用来减少有缺陷的解决方案所导致的风险，这样有效的管理才能够弥补科学的不确定性。

160 在切萨皮克，利益相关者之间的合作已经产生了深远的影响。利益团体和政府官员的共同参与，使得政策制定能够跨越司法和机构的界限，因此政策也会与流域和海湾地区相匹配。如果使这些利益相关者参与政策选择的过程都具有意义，他们的价值观也将会呈现在最后的政策中。作为政策的目标群体和代表机构，利益相关者在确定政策偏好时将考虑自身的利益。例如，切萨皮克地区的农业利益可能会限制政府对施肥措施的管理，并寻求进一步削减污水处理厂的氮排放。海湾的水质能得到改善，但促成这件事的负担将会被转移。在这种情况下，政策制定过程的管理需要特别关注。

第四阶段即执行阶段，需要应用各种资源（通常是人力和资金）来使用所选择的工具，并产生预期的结果。在命令与控制规则中，执行阶段受限于必需的技术、许可证和明确的责任。相比之下，生态系统管理考虑到了系统（包括人类）中的所有组成部分，在陆地/海洋景观区域范围内运作，并随着更多信息的获得，可以适用各种技术。

基于生态系统的管理原则鼓励管理人员尝试在过去不常使用的工具。例如，传统的流域和沿海水质解决方案一直是控制管道排放。这一工具依赖于权威，如果有效地引领，可以很好地起到作用。然而，海岸和流域管理中的许多问题并不依赖于明确的法律权威。于是，出现了两种选择。一种是改变法律权威，由于这种方法非常困难，所以大部分的讨论都着眼在第二种选择上，即在现有的法律构建中适用新工具。例如，河口计划就是利用信息和论点来试图改变个人行为，已经使用了降低污染物处理成本的交换或其他处理过程。事实上，表8.2所述的每个工具都可以加以考虑。然而，某些政策却依赖于无效力的工具或有限的执行，这是不可能成功的。

政策过程的最后一个阶段就是评估，可以将评估的重点放在以下几个方面：创建新策略的过程中所发生的变化，能够反映出治理结构发生变化的产出，以及能够测量社会和生态系统所受影响的成果。建构过程中的变化可能包括，利
161 益相关者的合作和适应性执行的证据。例如，在河口方面的协作获得了联邦的重大投资，在河口地区，利益相关者的意见就发生了变化（Burroughs，1999；Lubell，2005）。虽然分歧并未消除，但由于利益相关者在评估过程中获得了信心，因此可以减少信息、谈判、监督和执法的成本。

有效计划的产出包括：景观尺度的管理；运用科学和规划信息；跨管辖区和跨机构的协调，获得一致的结果；创造更高水平的信任；超越法律规定的意

愿（Layzer，2008）。对切萨皮克来说，执行委员会所达成的协议中已经很清楚地显示了产出。

切萨皮克已经使用的可以证明成果的措施包括：水质（溶解氧、透明度、叶绿素 a、化学污染物）、生境（海湾草地、底部栖息地、浮游植物、湿地），以及鱼类和贝类（蓝蟹、鲈鱼、牡蛎、鲱鱼）。如果监测显示，现状和目标之间依然存在差距（正如切萨皮克湾的情况一样），那么就是政策尚未实现预期的结果。适应性管理认识到，必然需要改变管理策略，以应对短处缺陷（Lee，1999）。基于生态系统管理的支持者认为，适应性（即愿意改变方向以响应新信息）是建立更健康的流域和海岸的关键。因此，适应性管理将运用生态系统管理原则，弥合目标与社会/自然系统中观察结果之间的差距，不断创新政策来解决不足之处。但是，缩小差距是在测试政治意愿，而这在切萨皮克和许多其他流域/海湾系统则通常很缺乏。在这种情况下，只有在共同目标非常明显，且采纳了有效的执行工具时，适应性管理才能起到作用。

总　　结

当流域和海岸被视为单一单位时，许多管理举措都会变得更为有效。流域和海岸的连接性可以从水循环和我们对系统的利用等角度来审视。在水循环中，水流以及水质的变化会告诉管理者，哪些问题需要引起注意。在我们对系统的利用中，那些对社会来说最重要的用途会更容易引起人们的注意。通过流域和海岸来管理景观，达到预期的水量和水质，这已成为治理的首要任务。

虽然综合治理的逻辑是令人信服的，但各种组织和措施确是零散的。现实 162
情况是，一旦在特定流域实施不同的政府计划，这些计划都将通过水流和人类活动而整合起来。应该考虑所有机构和辖区交叉而进行规划，这样实施起来才不会无意中破坏社会或生态系统。而这需要了解各机构的任务和相关法律，同时寻求建设性的改变，达到一个更全面的治理体系。至少有 9 个联邦实体都参与其中，这会导致重叠和冲突。此外，当挑选出水质受土地利用影响的因素时，多项联邦举措的适用已经导致了至今为止成功的案例非常有限。

切萨皮克湾已经成为克服这些困难的试验场。改善沿海水域的环境质量，需要对土地用途进行管理，如郊区开发和农业。该流域沿岸的各州已经成立了主要由州议员组成的切萨皮克委员会，以及由州长控制的切萨皮克执行委员会。这些具有创新性的组织性机构，将治理范围扩大到了生态系统，并涉及有权在该地理范围内实施计划的政治单位。这些机构已在问题定义和规划中取得了长足的发展，但正面临着计划执行中的重大困难，这从海湾的目标和现状之间的差距中可以看出。

基于生态系统管理的原则表明，解决联邦机构职责分散、立法含糊的问题，克服执行中遇到的困难，都大有希望。通过将生态系统管理连接到政策过程的每个阶段，其独特的贡献就会非常明显。这种新方法不仅通过确定生态系统服务等手段来设置与人类用途相适应的在生态学上有意义的目标，同时也扩展了跨区域的管理目标，并使区域维度与自然系统相匹配。替代方案的制定依赖于利益相关者之间的合作。解决方案涵盖流域和相关的沿海水域，主要解决累积效应，并提供提高系统恢复力的机会。在生态系统管理中，利益相关者会参与选择优选方案，并评估预防措施的涉及程度。方案实施越来越多地依赖于新工具，以在人类用途和环境上做出改变。最终，生态系统管理的支持者将会监测各个方案的结果，并利用适应性变化来改善方案结果。

第 10 章　渔业 163

渔业是最古老的海洋用途之一。由于技术的进步和食用海产品需求的增长，直到 20 世纪 90 年代，商业渔获一直在稳定增加。现在，情况已然不同。从明显不断增加的大量渔获，到“高原”状态，或偶尔下降的转变，已证明渔业遇到了特别困难的情况。了解生物系统（鉴于其每年都有巨大变化），且有了管理体制的基础（即尊重自然范围、个人生计和沿岸社区），可以发现许多地理区域存在挑战。某些鱼类种群数量较低，加上对捕捞能力的管制在减少，已经导致了渔获量的下降。未来的管理将需要协调人类对渔获的需求与自然系统的承载力。生态系统的管理在生态系统中整合了人类需求，并为渔业管理提供了新视角。本章介绍了渔业管理的各种生态系统方法，并解释了管理是如何适应或者如何变化以适应这些方法的。

美国渔业的扩张

商业上市量给我们讲述了美国渔业的历史，其代表了渔获以及最终卖出的总吨数，这个数字在过去的一个世纪里已极大地膨胀（图 10.1）。20 世纪 20 年代末，美国海洋鱼类和贝类的总捕捞量达到约每年 30 亿磅[①]。90 年代初达到顶峰后，现在每年的商业渔获量徘徊在 95 亿磅，增加了 3 倍，这对吃鱼和卖鱼的 164
人来说都是一种成功。

诸多因素都影响了此种扩张。第一，对新目标种类的捕捞造成了更大的上市量。在新英格兰海域，原本由于缺乏市场已被抛弃的鮟鱇鱼，现在则可用于海鲜杂烩羹汤和其他食谱。随着这一市场的打开，鮟鱇鱼成为了新的目标种类。

第二，扩大了捕鱼的地理范围，增加了渔获量。最初在海岸附近发现的一些种类，现在则需要更大的捕鱼船去海上捕捞。随着时间的推移，各国都在主张毗邻其海岸 200 海里（322 千米）的专属经济区，并建立了扩张海上渔业的明确预期。另外，在图 10.1 所示期间，新增的阿拉斯加和夏威夷两个州的渔获也

① 磅为非法定计量单位，1 磅 = 0.453 6 千克。

增加了美国的总渔获量。

第三，捕鱼设备、运输、渔获保存方面的技术改进，为更多的人生产了更多的海产品。相关技术包括：以新的方式来定位船舶，以新的方式来定位鱼群，以及用新的设备来捕鱼。用于导航和鱼群定位的电子设备，以及代替体力劳动的液压系统，增加了船舶找到的鱼群数量，以及在船上加工鱼的能力。其他保
165 存鱼的方式，以及向新的内陆市场快速运输鱼的能力的提高，刺激了更多的活动。例如，如果可以在海上冷冻而不是用冰块冷却鱼，那么销售的可能性将大大增加。鱼的保鲜时间能够更长，价格好时再出售，并可售卖到很远的地方。

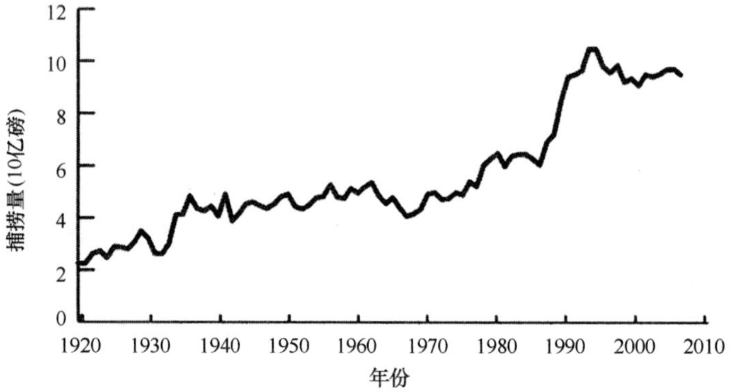

图 10.1　1921—2006 年美国鱼类和贝类的捕捞量①

最后，随着海上时间和船舶马力的不断增加，给渔业注入了更多的活力。对那些在水中拉网捕鱼的船舶来说，增加发动机马力意味着在指定的时间内，可以拖网捕捞更大体积的水域。此外，在海上多花费数小时或数天的时间，也可以增加渔获。如果想要捕获更多的鱼，很有可能通过增加马力或捕捞能力来达到该目标。把所有这些因素考虑在内，近来，许多渔业已然扩张。

渔业的生物极限

美国渔业的这种扩张能否恢复？其是否已经见顶？渔业是更大的生态系统的一部分。海洋中的太阳能与营养物质是有限的，这些能量和物质的积累速度，以及通过食物链转移到其滋养物种的速度，是由自然系统的属性所决定的。很

① 到 20 世纪 90 年代初，美国的渔获量增长了约 5 倍，并自此保持稳定，但比峰值来说稍有下降。年度数据汇编来源：《美国渔业》、商务部、内政部。

明显，存在一个上限。生物学家把这个上限称为承载能力[①]，即某一区域内，生存和更替繁衍所必需的资源，其能供养的最大生物量。通过扩大地理区域、提高技术和捕捞投入，商业捕鱼的扩张能够将渔获提高到或超过生物系统的生产能力。

一个多世纪以来，多少的捕捞量是无法承受的，这一问题一直伴随着我们。19 世纪末，一位欧洲学者认为，在造成永久破坏之前，针对鱼群数量减少的问题，应停止过度捕捞[②]。美国直到 1960 年，还有评论员乐观地期待，利用海洋可以大幅增加世界粮食的供应（Cowen，1960）。这些言论将导致人们相信，渔业将会自我调节并大幅扩张。然而，事实证明更加复杂。

到 20 世纪 60 年代后期，评论员开始在支持渔业的生物系统背景下考虑渔业。这种方法是基于初级生产[③]和营养效率[④]，来确定全球海洋可能的总渔获（Ryther，1969）。初级生产衡量的是海洋中的植物生长量。

海洋食物链运转的假设如果加以简化，可以计算初级生产或浮游植物生长转移到人类所捕获的较高物种或较高营养级的营养效率。通过关注整个海洋的实测初级生产量和转移到捕捞物种的效率，人们可以预测商业捕获量。目标鱼种每年的增长并不会被完全捕捞，因而生物体可以繁殖，存活于变动的环境之中，并成为其他生物体的食物。目标鱼种的剩余年生长量就可加以捕获。利用这种原理，估计全球每年的捕捞上限是 1.1 亿吨（2 425 亿磅）（Ryther，1969）。根据联合国粮农组织 2005 年的报告，全球海洋捕捞量近十年来都在 8 000 万吨（1 706 亿磅）左右浮动。其他报告对这一估算进行了修正，囊括进被捕获然后又被放回大海的鱼和无脊椎动物，它们通常已经死亡，以及那些被捕获并带到岸上，但并没有上报的数量。倘若包括这些额外类别，那么自 1985 年起，每年的捕捞量超过 1 亿吨（2 200 亿磅）（Pauly and Watson，2003）。这一估算值使得全球渔业活动很危险地逼近估算的全球生物极限。

166

针对个别种类的渔业活动，其中的一些传统措施为我们提供了对极限范围的一些了解。如果人类希望从海中捕获更多的鱼，有什么标志可以表明一种鱼类正处在，或可能处于困境之中？如果可以精确测算单位努力渔获量[⑤]，就可以

① 承载能力：在给定的资源条件下，某一栖息地或区域能满足个体生存繁衍需求的数量。

② 过度捕捞：鱼类种群的生物活力因渔业活动而减少的结果状况。

③ 初级生产：依靠光合作用或化合作用过程的有机物生产。

④ 营养效率：能量或生物量从一个营养级转移到下一个营养级的速率。

⑤ 单位努力渔获量：一种用来表示捕鱼效益的指标，指在规定的时间与区域内，平均每一个捕捞努力的渔获量，常用捕获总量除以捕捞努力次数来计算。

提供一种建立基准线的方式（专栏 10.1）。如果在相同体积的水域用相同马力的船舶拖曳相同的网，那么每一年投入的捕捞力和捕捞水域范围应该都是相同的。假设拖网能在海中精确地采样鱼类，那么就可以比较每年的捕获物。如果鱼的数量是稳定的，那么每年相同的捕捞力就应该产生相同的渔获。随着种群数量的下降，同样的捕捞力应该产生更少的渔获。理想情况下，单位捕捞力渔获量能表示渔业的健康程度。

167 专栏 10.1　基准线是什么

沿海的各种生态系统和生物都在不断变化：头一年中意的钓鱼地点非常多产，下一年则不是；从头一年 7 月到下一年 7 月的平均水温也一直在变化。随着时间的过去，海岸线的形状和位置也在改变。每条基准线都记录了过去某个时间点的一组环境条件。

科学家们多次定量测量各种条件，如此反复依照基准线来监测有关变化，并确定相关原因，这带来了对自然环境是如何运转的新认识。这在渔业管理中尤其重要，因为某个鱼种的丰度和渔获量会连年记录。然而，也可以建立一条关注不同时间段的基准线，但这样做的话，基准线一直在变化，科学家们会深受其害（Pauly, 1995）。具体来说，渔业科学家可以在其职业生涯开始时建立种群大小和种类组成的基准线，并用这条基准线来评估相关变化。随着渔业的衰退，每一代新的科学家都将从代表不同时间段的基准线开始他们的研究工作。不仅是基准线在改变，而且评估生态系统的个体，也会逐渐认识到沿海系统的衰退。

海藻床阐明了在针对生态系统的行动中，基准线的变化（Dayton et al., 1998; Jackson et al., 2001）。从历史上来看，人类的捕捞消除了海獭和鱼类，这些生物是以海胆为食。在没有捕食者的情况下，海胆总体数量扩大，消耗海藻、毁坏海底森林地区，制造了海胆荒地。虽然植物可能因为捕捞海胆而得到部分恢复，但通过食草来影响海藻生态系统的斯特拉大海牛，却已经绝迹了几十年。随着海岸带生态系统的巨大变化，如海藻床，仅用最近收集的生态学数据来确认基准线，将只能阐述一部分事实。

美国国家海洋渔业局会定期在北大西洋马萨诸塞州东部的乔治海岸许多点进行拖曳。20 世纪 60 年代后期，平均每拖鳕鱼的捕捞量约为 22 磅（10 千克）

(Mayo and O'Brien, 2006)。自 1990 年起，多年来，每标准拖已经低于 11 磅（5 千克）。单位捕捞力渔获量的下降通常表明，海中鱼的数量和/或尺寸在下降。当单位努力渔获量和物种丰度①明显下降时，明智的选择是减少对受影响生物体的捕捞力。

物种丰度的测量一般用于评估渔业。管理计划中会建立过度捕捞的阈值，而国家海洋渔业局会标识出生物量水平低于阈值的种群（National Marine Fisheries Service, 2008)。2009 年年底，有 24%的评估种群或种群集合都达到了过度捕捞的水平（NOAA Fish Stock Sustainability Index, 2009)。被认为是过度捕 168
捞的国家种群中，有 1/3 是在美国东北部沿海地区发现的。

全球和美国许多地区的渔业都面临着极限状态。在许多情况下，当注意到衰退并采取适当行动时，是可能得到恢复的。每种鱼类的恢复模式差别都很大。有些鱼种，如大西洋比目鱼，是由内战导致的衰退，并一直保持枯竭状态，而其他一些种类，如大西洋鲈鱼和太平洋大比目鱼，则已被恢复了很多年。反复采样可以确立生物量的趋势，用于评估系统的运行状况。生物量下降预示着，目前的做法是接近或超过生物系统生产当前水平的能力。

渔业管理

由于许多美国渔业都扩大到了生物极限的地步，所以渔业管理变得非常必要。如果没有管理，过度捕捞②可能会导致一些鱼类数量的直线下降，对捕鱼设备的过度投资，以及沿海社区在渔业不多产的情况下出现衰落。第 2 章所述的政策过程，提供了一个评估渔业管理要素的框架。图 10.2 呈现了渔业政策过程的阶段模型。

20 世纪 70 年代，许多人注意到了某些渔业及其海洋环境，以及依靠渔业的沿海社区，都在衰退。沿美国东岸，主要来自东欧的工业船队捕获了大量的鱼。1976 年的《渔业保护和管理法》逐步淘汰了外国渔船，确立了美国渔业的管理制度。该法建立了联邦渔区，以及区内保护实践的方式方法，使美国公民可以持续地利用渔业资源。该法规定了新的规则或制度，以管理个人和环境之间的

① 物种丰度：指单位面积或体积区域的生物总量，通常用单位面积或单位容积多少克来表示。物种丰度也可译为生物量。——译者注

② 过度捕捞：以不可持续的速度捕捞鱼类，导致鱼类种群迅速减少，如果任其发展，将导致整个渔业出现过度捕捞。

关系（Jentoft, 2004）。渔业的可持续性，或以让后代有同样机会进行捕捞的方式来捕鱼，成为了核心主题。近年来，包括就业在内，但也延伸到其他方面的诸多社会目标，已成为生物群落长期健康发展的目标之一。根据这项法律，渔业管理委员会①在商务部的协助下创建了渔业计划，并由后者及国家海洋渔业局进行最终审查（专栏 10.2）。

渔业管理委员会和国家海洋渔业局在解决美国渔业问题上发挥了突出作用。

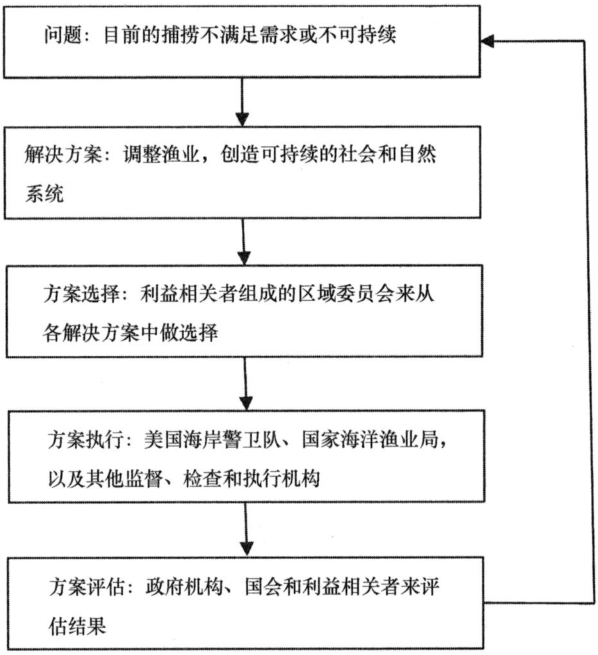

169 图 10.2　政策过程背景下，美国的渔业管理②

委员会创建管理计划，国家海洋渔业局等机构提供信息，并在计划核准后加以实施。为了形成渔业决策，会收集生物数据和日益增长的社会数据。这些数据对于政策制定及其有效实施都非常重要。被捕捞的种群及相关栖息地的健康程度如何？渔民和仰赖渔业的社区情况如何？负责沿岸地理区域的委员会包括利益相关者以及政府官员。委员会制订渔业管理计划③，规定捕鱼如何进行，并制
170 定解决方案，从中选择一个优先的管理方案。这包括设置生物学可接受的捕鱼

① 渔业管理委员会：由包括渔民在内的利益相关者组成的决策实体，确保为渔业设立的管理措施得到国家海洋渔业局及商务部长的批准和实施。

② 可以利用政策过程的各个阶段来评估渔业管理委员会采取的渔业管理行动。

③ 渔业管理计划：由渔业管理委员会设立的计划。综合考虑每种鱼的生态、社会、经济及人为因素，为每种鱼设立标准与指南，以实现可持续管理。

上限并调整捕捞行为，以满足所设上限。

专栏 10.2　《渔业保护和管理法》

1976 年，美国政府宣称，依据《渔业保护和管理法》来管理距海岸 3 英里至 200 英里（4.8 千米至 322 千米）范围内的渔业。该法律后来又修订了好几次。根据该法，设立了渔业管理委员会，而由该委员会制订的渔业管理计划旨在“根据健全的保护和管理原则，推动国内商业和休闲渔业”［第 2（b）条］。按照该法，管理者开始驱逐外国渔船，并展开保护工作（Young, 1982）。美国在捕鱼方面的能力获得了长足进步，这部分得益于政府的各项计划，也因此，国内利益集团之间在捕捞量的配额问题上发生了争议。通过要求委员会防止过度捕捞，达到最佳产量，同时减少兼捕渔获物，国家标准阐明了其意图。委员会制订计划，以单位的形式管理各个种群，并尽可能考虑种群之间的关系。此外，国家标准呼吁关注渔业对生计和社区的重要性。

这些以及其他一些任务就是新管理单位（渔业管理委员会）的权限范围。全美国有 8 个地理区域建立了渔业管理委员会，并负责制订渔业管理计划，主要是针对州属水域之外，200 海里专属经济区以内的渔业。

渔业管理委员会不仅利用国家海洋渔业局提供的科学信息，而且其制订的管理计划也必须经后者的审查。在实施计划之前，国家海洋渔业局会创建联邦法规，最终使其对渔民具有约束力。一些人认为，委员会与国会代表团立场一致，已经变得比商务部长更有权力，而后者依法有权批准或拒绝该委员会的各项计划。此外，质疑该过程的利益相关者可向商务部长上诉，或提起诉讼。因此，这一过程已经逐步向许多利益相关者敞开，而不仅是商业捕鱼业。

在渔业管理中，少数政府行动占了主导作用。如果一类种群被过度捕捞[①]，管理计划中就会做出限制。渔业管理委员会可以建议政府通过限制时间、区域、装置、渔获或目标物种等，来直接调控捕鱼活动。通过监控和处罚所实施的所有这些行动，形成了监督管理的核心。政府已将大多数人可以捕鱼的开放获取制度，变成了要求商业渔民必须持有许可证才可捕鱼的制度。 171

① 过度捕捞：鱼类种群的生物活力因渔业活动而减少的结果状况。

不是所有的渔业管理都是，或将要成为政府活动。渔业治理实践包括生态标签①和教育。前者仰赖于有知识的消费者购买以可持续方式所捕获的鱼种（Roheim，2008）。由诸如海洋管理委员会的第三方，来认证可持续的捕捞做法，并对产品添加认证标签。市场压力迫使大多数渔民都达到环境标准，如果他们想要售出其渔获物的话。类似的方式就是，教育消费者各鱼类种群的状况或渔捞方法的性质，这会使得消费者做出有利于可持续发展的购买决定。许多鱼类消费者在餐馆食用鱼或在超市购买鱼的时候，都会随身携带辨识环保鱼类的卡片。

与刚才提到的治理过程相比，《渔业保护和管理法》的实施则需要国家海洋渔业局和美国海岸警卫队等机构采取执法手段。从这一点上来说，在政策执行过程中，在政策制定方面有相关利益的渔民，成为了法律执行的目标。尽管可以以协商一致的方式制订渔业管理计划，但计划的执行需要倾听来自不同方面的声音。监测渔船的位置和活动有许多种方式。海岸警卫队在海上实施检查，国家海洋渔业局则监控鱼类的销售和其他相关的联邦岸上渔业活动。处罚渔民的方式包括罚款、吊销许可证、没收渔获等。

理想的情况是，人们可以通过监测生物和社会系统，来确定执行的政策是否达到了规定的目标。这即是图 10.2 所示的评估步骤。为评估管理实践的生物学结果，已经采用了鱼类种群可持续发展指数等手段。遗憾的是，几乎没有对社会系统中渔业管理结果进行评估的系统分析。特别是，了解生物学上有明显恢复的鱼种的社会利益，将成为渔村社区完全参与渔业恢复的强大动力。评估可以采取许多形式，但最有影响的是那些国会委托或采取并用于修订法律的方
172 式。例如，美国海洋政策委员会（2004）建议，重要鱼类栖息地②的指定，以及兼捕渔获物③削减计划都需要做出改变，这样可以基于生态系统的性能做出决定，而不是单个物种。此外，美国海洋政策委员会指出，对渔业计划给渔民计划和渔村社区造成的影响进行管理，是生态系统管理的必要组成部分。

渔业管理委员会

因为是由渔业管理委员会来确定渔业规则，所以值得密切关注。委员会决

① 生态标签：对自愿遵守并符合环保目标（如最小化环境影响、鼓励可持续捕捞以及按照其他环保期望组织生产）的产品或服务进行独立认证的标签。

② 重要鱼类栖息地：在一定区域内，具有重要商业价值的海洋物种在各个生长阶段，其长期生存和健康生长所必需的水体及海底环境。

③ 兼捕渔获物：在偶然机遇下捕获的非目标鱼类。

定了谁可以捕鱼，可以捕多少。近年来，委员会的成员，委员会与国家海洋渔业局的关系，以及通过法律中的国家标准来明确职责的方式，都一直存在争议。

根据法律，渔业管理委员会成员具有表决权，由商务部长从有管理、养护、捕捞知识或经验的人中选定。直接参与渔业管理的州级或联邦官员则作为补充成员。列席成员代表了其他受渔业决定影响的联邦机构。委员会成员混合了监管官员和非政府方的利益相关者，成员们会委任咨询小组，并得到政府专业雇员的协助。

1976年《渔业保护和管理法》的创新之一是，通过委任渔民为渔业管理委员会成员，使得渔民直接参与了决策。委员会的职责之一就是制订计划，停止过度捕捞①。因此，通过这个过程，渔民可以变成自我规制者。全面地审视该法和渔民在法律执行中的潜在作用，可以看出，渔民可以两种身份参与其中，即以规划制定的利益相关者或代表，以及规划执行的目标群体。

此外，在规划制定和实施中，渔民对环境的了解将会非常有益，这也是为什么让他们参与的原因。然而，其他有些人却发现了这种方法的缺陷，并指责渔业管理委员会中的商业和娱乐使用者代表使得一些渔业下滑（Okey，2003；Eagle et al.，2003）。有人认为，这个问题的根源是，当需要根据计划来限制总渔获量，并在渔民之间做分配时，委员会为满足选民，有可能增加总渔获量，超出生物学上合适的量。一些人在制定法律时假定，自身利益可以强有力地刺激保护，但其已经被重新解释为过度捕捞问题的根源。

根据渔业管理委员会的程序，每个委员会中的科学和统计委员会以及其他 173
咨询机构和公众，会协助制定下一年的捕捞目标。国家海洋渔业局的全国渔业科学中心会提供鱼类种群评估，可用于确定可承受的生物捕捞量（Eagle and Thompson，2003）。对于过度捕捞的渔业，委员会负责制订计划，恢复鱼种到规定水平。近年来，捕鱼在社会和经济方面的新信息增加了对生物数据的关注。

海岸地区依靠捕鱼为生的方式有很多种。因此，数据的收集和渔业管理委员会的审议从生物学扩大到了经济学，并且现在已经扩大到了对依靠捕鱼为生的人类社区所产生的影响。鱼是食物；捕捞和加工鱼可以提供就业机会；鱼类还形成了维持许多社区的文化联系。在这一背景下，以渔业为生的社区可以被视为一种群体，他们依赖捕渔业获得持续的经济、社会和文化上的成果（Brookfield et al.，2005）。

① 过度捕捞：以不可持续的速度捕捞鱼类，导致鱼类种群迅速减少，如果任其发展，将导致整个渔业出现过度捕捞。

国家标准是行为的一部分，有利于澄清法律的意图，并引导渔业管理委员会在制订计划时，赋予哪些数据最大权重。不同的标准分别确认了渔业的保护（即防止过度捕捞和恢复鱼类种群）和渔业社区的持续参与（标准 1 和标准 8）。由于积极的保护将缩减目前的渔获量，所以有些人认为这一点会限制渔村社区的参与。然而，判例法将生物资源保护解释为最重要的目标（Bagley，2003）。《渔业保护和管理法》在 2006 年做出了修订，通过在渔业管理计划中使用年度捕捞限额，要求在 2011 年之前终止过度捕捞，这进一步明确了该法的意图。

对于社区兴旺和鱼类种群之间紧张关系的关切，有多种形式。1992 年开始的社区开发配额就是一种表现形式。通过这种方式，大约 10%的白令海底栖鱼类得到了管理，以促进阿拉斯加西部社区有关渔业的经济发展（Ginter，1995）。最近，社会影响分析，以及对渔业管理委员会采取的行动所产生的社会后果进行处理的方法，已经获得了关注，正如修订的《渔业保护和管理法》所要求的。

生态系统治理下的渔业管理

如果渔业管理要成为生态系统治理，会造成什么后果？利益相关者会同意吗？可能会如何显现？

174 这些并不是不相干的问题，因为皮尤海洋委员会和美国海洋政策委员会将生态系统管理作为一种改善目前状况的手段。传统的渔业管理是从一个物种或种群开始，并考虑繁殖成功率、生长和相关生物因素（Link，2002a，b）。对在特定海洋区域有多个物种的认识，将科技研究范围扩大到了包括捕食、竞争，以及其他因素。最后，生物多样性、栖息地和气候还将考虑范围拓展到了生态社区及其环境。

然而，对于基于生态系统的渔业管理[①]，在规划过程中，人们会考虑用途，并结合社会系统以及生物系统。将人作为生态系统的一部分，其逻辑为何？很简单，想要符合自然系统可持续发展的目标，需要改变人类行为。人是管理的中心，由他们来制定管理措施，回应指令或选择不回应；而且作为主要参与者，人类决定了生态系统的状态。对这些地区的一些人来说，对自然资源的直接利用构成了主要的谋生手段。几乎所有人都同意，人类是渔业生态系统的一部分，需要生物可持续性，但对于怎样整合这些需求、生态系统和生计的细节，人们

① 基于生态系统的渔业管理：当考虑捕捞、栖息、捕食者、目标种类猎物以及其他相关因素时，鼓励生态系统的健康与平衡而不是采用单一物种的管理。

却有不同的见解。归根结底，人类活动人为地影响了自然系统，通过管理这些活动，可持续性才会实现。

基于生态系统的管理已多次被提出、定义，并不时适用于渔业（Pikitch et al.，2004；Garcia and Co-chrane，2005；Fluharty，2005；Parsons，2005；Arkema et al.，2006；Field and Francis，2006；Francis et al.，2007；Marasco et al.，2007）。生态系统方法的社会层面包括明确纳入人类，并承认人类作为利益相关者的需求必须成为管理的一部分。通常，人们通过依赖生态系统的产物和服务，如食物、水质、旅游和娱乐，来表达这样的需求。

生态系统管理方式的生物物理维度包括：尽量减少不可逆的变化所带来的风险，实现生态健康，并认识到海洋食物链和栖息地的复杂性和多变性。其表现形式通常为保护生物多样性，生物多样性是指测量某一栖息地或跨海域的物种。

采用生态系统方法进行管理，需要整合生物功能和社会需求。许多人建议，
自适应方法是合乎逻辑的策略，实施起来对生物系统的风险最小。对这种方式 175
的监控允许基于新信息来调整人类用途。

为了阐明传统渔业管理和生态系统方法之间的区别，比较两者的各种要素将会有所帮助（表 10.1）。传统的渔业管理，其目标是尽量扩大单个物种的产量。而生态系统方法看起来则更具有综合性，能意识到生计和人类社会依赖于健康的生态系统，且这些生物群落很多情况下都在衰退。因此，具体目标可能包括粮食安全、生计、使用权、公平、经济效益，资源恢复和生态系统的完整性（Garcia and Cochrane，2005）。

在传统的渔业管理中，制订方案和采纳解决方案都是围绕单个物种的最高持续产量①或类似因素。这一最高持续产量，或理论上每年持续的最大捕获量的计算，需主要关注系统的生物特征。但是，法律引入了一种思想，将“最高持续产量”修改成“最适宜产量”，涉及经济、社会和生态等相关因素。

因此，渔业管理委员会制订的渔业管理计划，是从生物数据着手，并屡次对捕捞力、捕捞量或工具加以限制，以满足生物学上提出的目标。完成这一任务需要 3 个步骤（Babcock and Pikitch，2004）。首先是建立生物学参考点，包括物种丰度、捕捞死亡率，以及其他因素。捕捞死亡率是指在捕鱼作业中，不是由于自然原因而造成的生物死亡数量。其次，当鱼类种群不符合生物学参考点

① 最高持续产量（MSY）：在适当的捕捞率下，理论上每单位时间最大可捕获鱼量的强度。

176 如过度捕捞时，确立观察绩效指标。第三，绩效指标的一定数值会引发管理层的应对，如捕捞死亡率或捕捞量的降低。

表 10.1　渔业管理的因素

	传统渔业管理	生态系统方式的渔业管理
问题	关注单个物种的捕捞量	关注可持续发展的系统
理想解决方案	最适宜的渔获量	社会和自然系统的健康
执行	政府法规	利益相关者管理计划；新工具和执行机构
评估	捕捞量在最高持续产量内	海岸系统具有社会和生物可持续性

理想的生态系统渔业管理原则包含许多考量。这种变化包括更全面地考量营养关系，并涉及生计和社区。通过考虑兼捕渔获物（非靶向生物）或气候变化的情况，个别渔业计划已证明其能够体现在生态系统方面的考虑。此外，研究人员提议，需了解社区或非政府组织代表渔民参与渔业计划所起到的作用，这表明了社会因素正涉入渔业管理规划之中。

国家海洋渔业局和美国海岸警卫队通过检查、罚款等手段，执行由商务部部长批准的渔业计划。相比之下，生态系统管理则依赖于更合意的方法，这些方法授权利益相关者为了渔业的集体利益而行动。这种新形式包括了额外的激励措施，能获得较高的认可，但却以速度和果断性为代价。一旦达成共识，渔民和当地实体理应在执法中发挥更大的作用。从某种程度上来说，渔业管理委员会是利益相关部门，代表了一种基于生态系统的管理方法。然而，这些委员会的行动成效在恢复鱼类种群方面存在可变性，这表明在一些地区，还有许多工作需要完成。总之，一些人认为，委员会没有以必要的速度恢复渔业。而其他人则认为，即使以目前的速度，社区和生计方面的社会成果也已经很显著了。

这些评估明确了各种正在考量中的目标。对传统管理而言，评估的是生物限度内的捕获量。生态系统方式则期望捕获量会受到限制，从而捕鱼活动可以具有持续性，但其操作范围却比传统方式广泛得多。可持续发展既是一种社会现象，也是一种自然现象，所以提出的生物学上的解决方案，必须使社会影响尽量减少。

但到目前为止，评估结果显示，渔业管理委员会的现行计划中，只零星提出了基于生态系统的渔业管理。这些计划需要做出重大改变，在渔业管理中吸收健全的、广泛定义的生态系统因素。因此，人们决定以何种方式在渔业计划和管理中纳入新思路，则变得非常重要。正如在下文所作的介绍，变化可以是增量的，也可以是突然的。

增量变化 177

增量变化这一概念是指管理可以通过一系列小的调整来做出改变，这可以通过三种方式进行观察。首先，政府机构会支持生态系统管理的相关研究。第二种度量是，渔业管理计划在编制过程中鼓励生态系统管理理念的程度。第三，采纳的工具或手段可以用来评估支持基于生态系统管理成果的程度。每种测量方式都将在下文进一步探讨。

首先，考虑扩大研究的可能性，使得研究范围超出单一鱼类品种的产量，包含更广泛的自然过程和与之相关的社会现象。有一个例子可以阐释这种累进过程（Marasco et al.，2007）。这个例子中，渔业有关的研究，从水产学的主体——种群生物学，扩大到群落生态学，即分析某一地区物种之间的相互作用，不仅考虑目标物种，还会考虑其猎物。例如，被捕食的鲱鱼，其种群数量会影响青鱼和鲈鱼的数量。若进一步扩大研究范围，可以分析环境的影响和/或由于兼捕渔获物和生境的改变，捕鱼对其他物种所产生的影响。最后，人们可以评估以上所有项目，以预先设定总可捕捞量①。

此外，由于所有渔业活动都包括人，所以社会层面也应该包含在研究之中。渔业满足了社会需求，并与其他使用者共享沿海水域。考虑到制造业活动可能会雇用很多人，但也会向海岸排放污水（Parsons，2005）。污染降低了鱼类产量。在这种情况下，最终决策的制定需要我们了解自然系统，以明确决策管理的影响和方法。此外，还需要分析社会因素，制订计划，以减少有害排放，或选择支持制造业更胜于渔业，并支持这一选择给生计所带来的影响。此外，还可以考虑依赖渔业的个人和社区的经济、社会和文化健康。

检验增量变化迹象的第二个方面是，渔业管理计划促进基于生态系统管理的程度。利益相关者有权制订渔业计划内容，并在计划失败时对其进行修订。有关渔业的直接经验，以及海洋环境状况的数据，使得我们可以不断比较预期和实际成效。渔业管理委员会的理想定位是，将基于实践的方法适用于生态系 178
统管理（Brunner and Clark，1997）。从这个角度来看，他们可以学习、调整、完

① 总可捕捞量：为特定渔业在一年或捕捞季节内设定的捕捞限量，通常用活鱼的吨重单位来表示，有时也可以用鱼的数量来表示。

善计划，以更好地匹配生态系统要求的社会层面。

由于渔业管理委员会成员在制订计划时有自主权，那么他们可能吸收基于生态系统管理的哪些方面？人们已经提出了许多在渔业计划中考量生态系统的建议（Ecosystems Principles Advisory Panel，1999；Fluharty，2005；Field and Francis，2006；Marasco et al.，2007），包括划定生态系统边界、模拟食物网、制定生态系统健康指标。生态系统健康的生物学度量包括多样性和物种丰度。在某一区域内，鱼类的总捕捞量及其对物种丰度、营养结构和栖息地的影响，增加了对生态系统健康程度的测量。此外，生态系统健康在社会层面的度量是关注于人类的需求，包括幸福感（Pollnac et al.，2006）。幸福感是个人、家庭或社区所表现出的健康、功能完善、幸福和繁荣的程度，与经济度量（如注重收入）形成对比。

最终，基于生态系统的管理要求对生态学、人类和制度之间的相互作用进行评估和建模，注重社会和自然系统的稳定性。如果渔业管理委员会打算利用评估结果来达成目标，并了解这些评估结果对其他物种、物种丰度、营养结构、生计和社区卫生等因素的影响，这种社会生态评估就会开始起到作用。然而，虽然学者和一些环保组织已确认有可能在计划中纳入生态系统的治理原则，但其他利益相关者一直不愿意朝这个方向努力。

第三个检测增量变化的方面是，使用政策工具或手段来推进基于生态系统管理的程度。传统的渔业管理中，政策工具主要关注生态系统以及可以从中获取的鱼类产量。在总可捕捞量以内，可通过控制投入或输出来完成渔业运作。投入包括捕鱼地区、时间和工具等，如果这些因素受到限制，会减少渔获量。然而，渔场禁捕的威胁以不可预测的方式导致了渔民之间的竞争，他们都在尽可能多和快地往岸上运输渔获物。鱼品涌入市场，压低了价格，并可能会影响产品的质量以及船上安全。

179 认识到某些工具具有负面影响，这带来了另一种方式。通过确认因开发率下降而已经恢复种群数量的渔业，然后询问哪种手段是最有影响力的，这是一种反向推导的方法（Hilborn，2007；Worm et al.，2009）。地方特色决定了哪种手段将是最有效的，但也适用一些一般规律。总可捕捞量是成功的渔业重建工作中最常用的手段。考虑到刚才提到的捕鱼竞争的例子，尤为重要的是要注意如何执行总可捕捞量。限制渔具以增加选择性，并且兼捕渔获物减少、禁渔区、共同管理，以及分配渔民或社区捕捞配额，这些也被认为是具有影响力的手段。

禁渔区值得特别注意。如禁止在特定地区捕鱼，海洋保护区或重要鱼类栖息地，可能会带来目标种群的恢复。如果暂时开放禁渔区，或者生物从保护区移动到了其他位置，渔民则可以加以捕捞。目前，许多物种都缺乏详细展示这种方式是如何运作的证据，但在热带环境中适用这种方法所带来的利益是令人欢欣鼓舞的（Roberts，2007；Christie et al.，2009）。在美国，暂时开放原来的禁渔区，供捕捞海洋扇贝，导致了该种渔业的复苏。

建立和适用生态系统有关指标是另一种手段。当指数的值偏离期望范围，就需采取行动纠正形势。这类似于为单一物种建立物种丰度或产卵群体生物量目标，并在生物量太低时减少对该物种的捕捞。生态指标①包括许多因素，如物种组成。这些指标还可以关注于特殊环境，如大叶藻系统或珊瑚系统（Done and Reichelt，1998；Food and Agriculture Organization，2003；Babcock and Pikitch，2004）。此外，由于生态系统包括了人类，所以与人类需求相关的指标同样很重要。例如，可以适用测量社区层面幸福感的定量指标，来评估管理措施的有效性，这和生物测量一样简单（Pollnac et al.，2006）。因为许多人都认识到了"没有鱼，就没有渔业"，所以人类的幸福感与渔业的生物健康是联系在一起的。考虑到这一点，健全的生物和社会指标成为了有力的工具，以评估不同管理方案所隐含的权衡取舍。

那么增量变化也可以存在于单个物种的规划中，通过把这些单个物种规划联系起来，并保持多个物种高于基准点（Mace，2001；Babcock and Pikitch，2004）。其中一个例子就是兼捕渔获物。在单个物种的计划中，如今一种普遍的做法是专注于兼捕渔获物的减少，这有助于通过稳定种群数量来满足基于生态系统的管理目标。

最后，传统的政府工具，如税收和补贴，可以在基于生态系统的渔业管理 180
中寻找新目标。关于谁可以参与到渔业之中、可以捕捞什么，以及捕捞量的决定，是渔业管理的核心部分。如果不限制捕捞权利，则可能会出现过度捕捞，且目标物种的种群数量会下降。为满足生物目标，当捕捞受到限制时，社区和家庭也将遭受损失。生态系统方法并不直接限制捕捞，而是与各种工具（如补贴、服务和税收）联系起来，以鼓励那些符合生物和人类可持续性发展的社区成果，生态系统方法可以从此中受益。这些工具可以在何种程度上推动基于生态系统的管理目标，这一点还没有得到充分的探讨。

---

① 生态指标：通过汇总多个因素（或指标）成为一个单项指标而提供对多维环境状况进行整合描述的定量方法。

根本性变化

有些人认为，增量变化是不够的。增量变化可以通过采取不同的目标，以新的前提为出发点，重新调整或创建新的方法，而转变成根本性变化。公共政策的范式转移[①]来源于顶层设计，包括创建新的考察社会和自然资源之间关系的方法，建立新责任，并通过法律或习俗使预期得到普及。1972 年修订的水污染法，就是范式转移的一个例子。类似的例子还包括 1976 年从开放性渔业转变成控制性捕鱼。新的渔业法通过鼓励采用诸如总可捕捞量、限制每次出海的捕获量、降低总生产力等方法，将这些方法作为管理的一部分，重整渔业捕捞（Field and Francis, 2006）。基于生态系统的渔业管理还有待做出同样大的变化。

所有权决定了用途。《渔业保护和管理法》明确表示，通过渔业管理委员会，政府管理了毗邻国家 3 海里至 200 海里（4.8 千米至 322 千米）沿海地区内的渔业。然而，公众却通过委员会控制了管理目标和管理进程。至今，许多考虑根本性变化的人，都已将焦点集中在与自然系统有关的需求上。有些人提出，尽量减少对沿海生态系统的破坏，这将提供更多的生态系统服务（Jackson et al., 2001）。他们关注捕鱼等压力是如何使生物群落质量降低的，并进一步认为，提高生态系统性能，如饲料鱼类的种群数量或总物种丰度，将会使海岸系统更加稳定（Pikitch et al., 2004）。事实上，一些人建议，人们可以通过监测留
181 给捕食者的物种丰度，而不是渔业中目标物种的产卵群体物种丰度，来衡量渔业管理的有效性（Mangel and Levin, 2005）。在这些管理方法中，重点从单个物种的产量转移到了生态系统功能和非目标物种的健康程度（Tudela and Short, 2005）。每一个转变都意味着，公众将重新改变生产力的投入方向，从开发利用转向其他的价值观。在某些情况下，这种重新分配可能会对渔业生产力有正面溢出效应，而在其他情况下，限制捕鱼将有损生计。

如果这些新的价值观被广泛接受，将会改变允许或限制获取资源的方式。马钦科和布罗姆利（Macinko and Bromley, 2002）提出，可以通过修订法律来明确使用权。1976 年的《渔业保护和管理法》就设立了多个标准，涉及应当如何针对科学、管理、成本等因素来执行保护和管理。该法的修订增加了若干标准，并可以在将来再次效仿，以阐明谁在限制进入捕鱼的时候仍有捕鱼的权利，以

① 范式转移：当现有的通行理论不能解释异常现象时，如果异常现象持续下去，将使人们产生理解危机，进而导致新范式之争和在新通识理论支持下的科学革命。

及如何获得这样的权利。

渔业的未来也可以由更普遍的海岸治理变化来塑造。美国海洋政策委员会（2004）建议设立区域海洋委员会，其权限范围是生态系统单位，而不是政治管辖区，因此，通过多种方法，如分区制，区域管理会包括区域内的多种用途。海洋政策委员会在现有的区域单位中挑出了几个例子，这些区域内的活动可以作为有益的指导。组织主题包括濒危物种、缺氧区域、水质和水量、气候变化，以及海湾健康。管理海岸和海洋空间的法律制度将把渔业列为使用者之一，并且需要机构之间的高度协调。

由谁做决定?

最近，许多变化都标示着权力从中央政府转移到了更接近资源的参与者手中。共同管理、社区管理[1]和私有化[2]就体现了这一趋势。在共同管理中，政府赋予使用者在渔业管理中的一定作用（Pomeroy and Berkes，1997；Noble，2000）。1976 年创设的渔业管理委员会，就是共同管理的一种形式。凭借共同管理，社区更多地参与到了决策中，这可以提高程序的合法性。

亨托夫特和麦凯（Jentoft and McCay，1995）利用阿恩斯坦（Arnstein，1969）的公众参与阶梯理论[3]，来评估社区的参与程度。该理论明确承认，公众参与可能很少或根本没有公众的操纵，例如当使用者被告知决定时，也许有时 182
也会被要求发表评论。相反，阶梯理论的顶层则是由利益相关者做出决定（Berkes，1994）。普拉默和菲茨吉本（Plummer and FitzGibbon，2004）通过添加相关维度，如由谁参与管理制度，以及选择什么样的管理过程等，延伸了这一概念。在渔业方面，权力分享会导致生产者组织承担管理职能的责任。若要寻求由渔业性质来塑造管理体系，在创造这种条件时，亨托夫特（Jentoft，2007）认为，需要处境化、相互协调、学习和保护措施。在许多情况下，地方利益相关者是最有能力满足这些条件的。

通过或多或少的完全转移政府权力来进一步赋权社区，这被称为自然资源的社区管理（Tacconi，2007）。这一过程逆转了自上而下的管理模式，并创建一

① 社区管理：一种由社区主导的渔业资源管理方式，这种管理方式赋予社区渔业管理的决策权，达到保护社区及其渔业资源的目的。

② 私有化：将原属于政府的职能化归私有部门来履行。

③ 公众参与阶梯理论：一种分阶段的层次体系，具有由公众不参与开始，慢慢移至公众象征性参与，以及最终直接参与决策的公众参与和政策授权的特征。

个以社区主导的过程（Brown et al.，2002）。在这种情况下，除了排除州政府和联邦政府的投票参与和审查，人们还必须改变渔业管理委员会，以维护主权。

第三种可能性是将渔业所有权私有化。个人转让配额就是一个例子，因为通常在渔业历史的基础上，可以将所有权从公共实体转移给民营实体。租赁是完成类似目标的另一种方式，但政府管理保持在了更高的水平。私有化包括增强民营企业发挥的作用，这种民营企业可以是营利性企业，也可以是非营利性的服务机构。私有化有多种形式（von Weizsacker et al.，2005）。有人建议，将渔业中的公共资产及部分管理转让给私人实体。私有化的形式有弱有强，这取决于私人实体的授权程度，以及管理功能的私有化程度。例如，在自我管理中，使用者可以在政府建立的框架内资助其自身的管理体系，并执行这一自行设计的管理体系（Hughey et al.，2000）。已经设计出了一些自我管理体系，使得公众可以保留所有权。

所有权转让给私人实体，以及公共资源的管理转移给私人各方，是两种不同的转变，他们可以通过以部门为基础的管理方式结合起来。2006 年《马格努森-史蒂文斯渔业保护和管理法》就提供了这种可能性。在以部门为基础的管理中，一部分的渔业转移给了渔村社区的一群个体，或为这群个体的共同利益和管理而成立的区域渔业协会。

183 转移的潜在渔获物特权或份额，可以表示为渔业总可捕量的一定百分比。按比例分配渔业包括：在捕鱼季开始时，预留渔业总可捕捞量的一定百分比给部门。理论上，根据在群体之中分配捕捞量的公式，每个特权所有者都将预先知道可以捕捞多少磅的鱼。该群体可以执行相关的渔业法规，并确保部门的捕捞量是在约定的范围之内。

与自我管理有关的私有化也不是没有重大风险的（Lemos and Agrawal，2006）。混合治理包括州级机构和社区之间、州级机构和企业之间、企业和非政府组织或团体之间的安排，以及这三者的组合。随着州政府的作用渐渐淡去，更有权利的新参与者可能会获得更大的收益。因此，以市场为导向的方法可能有利于企业获得超出公平的收益，且有利于社区参与。在美国渔业中，为确保公平分配，已经提出了历史性捕捞量、就业、投资和依赖性，以及社会和文化等因素。谁获得了授权、到什么程度，以及为何种渔业管理功能，仔细关注这些变得至关重要。

总 结

美国渔业的捕捞量自 20 世纪初已经增加了 3 倍。科技的进步、捕捞能力的增加、地理区域的扩大，加上先前放弃的各物种有了新市场，这些都是捕捞量快速上升的原因。然而，随着许多渔业出现种群数量下降，且法规开始限制捕捞，这种扩张已经停止。2009 年年底，美国 24%的受评估鱼类种群或种群集合都已达到过度捕捞，且过度捕捞的种群中大约有 1/3 位于东北部。

联邦水域的八个区域性渔业管理委员会的责任是展开管理，使人类的捕捞预期和生物现实（即可以放心捕捞哪些鱼类种群）之间得到平衡。委员会中的利益相关者包括商业和休闲渔民等。委员会会考虑渔业信息，评估备选管理方案，并选择择优方案。如果商务部部长批准了委员会的建议，就制定了相应的渔业规则。通常，这些方案都集中在某一单一物种，或一小群物种。

专门关注单一物种的捕捞水平，尽管是具有正面意义的，但这会忽视与其他物种、海洋环境和社会制度的关联，这些都是生态系统管理的重要内容。渔 184
业连接了自然系统与社会系统。人类对食物的需求造成了捕鱼行为，这反过来又会影响鱼类的种群数量。如果过度捕捞使得生物系统退化，那么依赖于此的生计和社区也会受到影响。渔业管理的挑战在于调整人类行为，使自然系统和社会系统繁荣发展。社会系统和生物物理系统的连接，塑造了渔业生态系统管理的概念。在这一背景下，人类不仅是生态系统的一部分，还是创造可持续未来的主要推动者。

基于生态系统的渔业管理需要关于管理角色和手段的新思维。增量变化至少有三种方式。首先，研究已经扩大到社会和自然系统过程，以及两者之间的主要联系，提供了更好地了解以生态系统为基础的机遇。其次，对渔业管理计划的预期已经扩大到包括生态系统原则。第三，有时，传统的渔业管理工具已扩大到包含生态系统考量。大部分已经恢复的渔业，都实施了总可捕捞量方案。此外，单一物种计划的修订、保护区的建立，以及指标的制定，都被用来恢复渔业和做预先的生态系统考量。而区域性海洋委员会的创建，也可以推广生态系统管理原则，遍及包括渔业在内，但不仅限于渔业的许多用途。

通过共同管理、社区管理和私有化，授权了新的利益相关者和相关流程。在共同管理中，政府赋予使用者的作用有限。在社区管理中，社区可以获得或多或少的对资源的完全管理。在私有化管理中，政府授予非营利性/营利性非政府组织以控制和管理的混合权力。如今，公有资源在何种程度上的私有化将满足社会系统和自然系统的可持续性，这一点还未可知。

美国渔业正经历着急速的变化。结合个体对海产品和生计的需求，同时尊重沿海水域的生物极限，这形成了渔业生态系统管理挑战的核心。大多数人寻求可持续的社会系统和自然系统，但实现这些目标的手段仍然具有争议，且将成为未来几年讨论和尝试的主题。

第 11 章　结语

人类一直被海洋所吸引。与过往相比，如今在沿海居住、工作和游玩的人数更多，并且还在持续增加。迅速增长的人群每天都在以各种方式利用海洋，包括垃圾处理、航运、娱乐、渔业、能源、住房以及生活的许多其他方面。虽然很多这些活动看似与海洋并不相关，但却通过水流、生物迁徙、污染物扩散、人类生计和社会需求与之相连。

政府治理必须辅之以非政府的行为塑造方式，为应对社会中不断变化的价值取向，沿海陆地和水域的治理已经并将继续做出改变。对社会系统和自然系统更深刻的理解，通常会为人类活动创造新的期待。当新的价值观塑造了一种新的共同利益，新法律的制定就会随之而来。正如上述各章节所描述的，以及和图 11.1 所总结的那样，这一过程的累积成果是管理方式的改变。从以部门为基础的管理，到后来的空间管理，再到最近的基于生态系统的管理，这些转变就证明了这种变化。

这些管理架构，虽彼此有区分，但却并不是相互排斥的。更确切地说，沿海陆地和水域同时适用这三种管理方式。在总结本书所涵盖的各种管理架构之前，有必要先定义海岸治理的目标和方法。

目标和方法

海岸治理演进的结果就是本书前文所述和图 11.1 图解的管理架构。每一种架构——以部门为基础的管理、空间管理、生态系统管理——都利用各种方法来实现预期目标。随着资源压力的不断增加和社会价值观的转变，海岸治理的目标也发生了改变。因此，需要新的方法，即政策手段或政策工具。目标和方

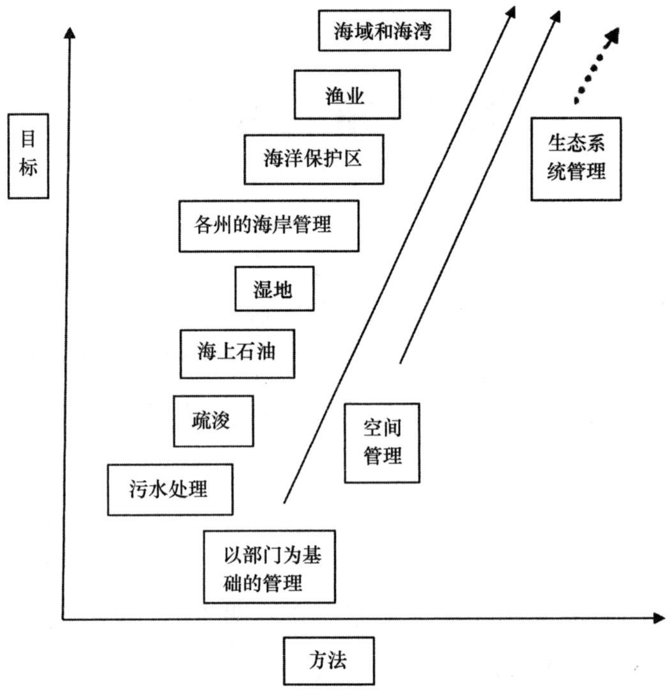

186 图 11.1 海岸治理的目标和方法①

187 法同时发生的这些变化，即是海岸治理及其变化的核心。为实现目标，政策过程会创设新的计划以及达成这些计划的方法。

大约 20 世纪 70 年代之前，铺平湿地和向河口倾倒废物是可以被接受的。但是，这些活动却有损于渔业、娱乐和自然过程，随着这些认知逐渐变得清晰，国家的议事日程也发生了转变。保护自然系统及其所提供的服务（目标）是一项新的公开承诺，这导致了规范人类行为的新政策（方法）。这一过程在向空间管理和最近的基于生态系统的管理的演变中被不断重复。空间管理的目标重点在于地理区域内特定活动的适宜性，而基于生态系统的管理则主张自然过程是维持社会系统的一种手段。

当代管理中最重要的改变反映出一种新认知：政府虽然很重要，但不是指导人类行为的唯一方法。社会在越来越多地利用政府直接干预之外的工具，如公共资讯运动、自由市场、家庭或社区等（表 2.1）。

① 随着社会目标的转变，海岸治理也已经在发生演变，并有了实现转变的新方法，包括政府直接控制以外的手段。因此，从以部门为基础的管理扩展到空间管理方式，以及最近的基于生态系统的管理方式。

以部门为基础的管理

以部门为基础的管理关注单个活动或某一特定资源的用途，并确立了相应的受政府监管的过程。当美国人口较少、活动强度较弱、海岸资源看似无尽之时，此种管理方式得到了发展。管理者无须关注一种用途对另一种用途的干扰。这种管理方式直截了当。自上而下的政府行动一般通过规章制度来改变人类行为，以达到法律所规定的目标。以部门为基础的管理成功限制了废弃物的排放，并以多种方式改善了海岸地区的状况。海岸地区的绝大多数政府活动仍是以部门为基础的，并且未来仍将继续成为大多数管理体制中的重要部分。

但是，随着海岸用途数量的增加，且几乎每种用途的强度都在急速增长，部门计划之间的协调已被证明存在困难。社会系统和自然系统以多种方式将人类的各种活动联系起来，但垂直和水平维度的政府机构却将管理分隔成了更细小的职责和权力。

疏浚和湿地保护中面临了不计其数的困难，其原因之一就是政府机构中这种各自为政的情况。针对每种困难所采取的行动，都需要在国会委员会、各行政部门和法院间游走。因为有联邦、州级和地方三个层级的政府，这种复杂性 188
更胜。美国的法律和机构不仅鼓励，而且还经常要求分别处理海岸活动的每个部分。因此，管理决策通常是孤立的，很少考虑到每种用途的累积效应，或自然系统的极限，也不会充分考虑对社会系统造成的多重压力。当冲突的各种用途（如渔业和废弃物处理）相互碰撞时，这些缺点会变得非常明显。

总之，缺乏协调性已经导致了一个窘境，即社会系统和自然系统都在退化。以部门为基础的管理方式无法解决使用者之间的冲突，反而会扩大冲突。即使这些冲突有解决方案，但当使用者通过法院或行政部门来寻求更高的权力时，也会耗费大量钱财和时间。疏浚问题因为无其他可解决方案，所以只能直接呈至总统办公室官员处。若没有整体的海岸和海洋目标，优先用途的决定只能依赖于复杂的而且通常是不确定的谈判过程。以部门为基础的管理并没有一个连贯的计划，因而导致一系列不协调的反应。一种替代方案是依特定目标来分配空间的，即空间管理。

空间管理

在早期的空间管理中，政府会为单一用途指定具体位置，如航道或海洋倾废区。油气开采区、海滨公园、海洋保护区、鱼雷演习区域，以及一系列其他活动，都有自己的位置。因此，单一用途的地理维度在空间管理的早期讨论中占据主导地位。

到 20 世纪 70 年代，海岸管理开始考虑多种用途。许多用途都在争夺同一空间，必须有一种系统化的方式来归类这些用途。陆上公有土地的多用途管理已有很长的历史，而《海岸带管理法》就是把一套类似的考量应用到州水域和沿海的一些私人土地。州级海岸管理措施依赖于这样一个假设，即通过分区制，有特定背景的规划及其实施能公平解决问题。分区制是将可能对其他活动有害
189 的活动分离出来，并以此保护人民的健康和安全。分区制也可以用来管理多种利益和环境承载力。分区规划所反映的有关陆海用途的公共协议，被转换成有优先用途指导的确定空间。这一过程依赖于以某种方式划分所有的可用空间。简言之，这一行为标志着一种变化，即从单独的部门法规，到对陆地和海洋景观多用途整体审查的可能。多用途管理需要权衡取舍，并且要能绘制出显示各种用途合理位置的地图。

《海岸带管理法》明确确立了新的由各州来引导的空间规划过程，各州在是开发还是保护特定区域方面有着相当大的自由裁量权。事实上，法律反映了开发与保护这两个目标。在操作层面，这意味着州级项目包括能源设施的选址、海岸的扩大利用、港口和码头的扩建、城市滨水区的恢复，以及其他开发活动。同时，该法鼓励保护湿地和沙丘，并可用于限制沿岸海滩和海岛上的活动。35 个沿海和沿五大湖的州，依据此法在其沿岸实践了各种形式的空间管理。

理想的情况下，空间管理对空间的分配需要考虑广泛的共同利益，而非单个利益之间的争斗。从共同价值观关注于可持续环境效果这个意义上来说，空间或多用途管理可提升环境质量，但无法保证永远是这样的情况。因此，许多人认为，生态系统管理将更有效地提供长期的可持续性发展。

基于生态系统的管理

基于生态系统的管理是一种空间管理方式，这种空间管理方式承认自然系

统作为改善人类生活和人类社区的手段，具有很强的重要性。基于生态系统的管理的实践者认识到，应该全面管理海洋资源和海岸资源，以体现包括人类在内的所有生态系统要素间的关系（专栏 11.1）。在自然系统的限制范围内公平地满足人类需求，这是一个永恒的主题。与政治边界所界定的空间不同，生态系统跨越的是地理区域，如流域及受其影响的沿海水域。基于生态系统的管理还通过关注一个地理区域内的各种用途，来解决不同政府项目之间各自为政的问题，并因此提供了一种用以协调各机构和各级政府的基本原理和方法。

专栏 11.1　实践中的基于生态系统的管理 191

基于生态系统管理的原理已在流域、海湾和渔业管理中获得实践。这些海岸治理中的实例都有相似的特征。

利益相关者：利益相关者的参与有助于管理，这是因为项目的成功依赖于利益相关者所拥有的知识，以及他们将做出的行为改变。流域陆地或联邦海域中的资源利用者们，都熟知各自的系统，而且随着共享公共用途的确立，这些利用者都有能力推进项目。此外，联邦渔业管理委员会和区域河流、流域或海湾委员会的存在，能授权各利益相关者将委员会的审议意见转换成新的政策行动。

自然系统和社会系统之间的连接：海岸治理的目标需要一个规划过程，将陆地系统和海洋系统，以及社会系统和生态系统整合在一起。在这两种情况下，以生态系统为重点会引起以下考量：将结构的完整性和自然功能作为政策制定的基础。恢复鱼类种群意味着，必须至少短期内减少渔获量，但这会损害生计和社区，因此需要认识到满足生物学目标会带来的社会影响，在流域内，农民、供水企业、渔民等都依赖单一的流域——沿岸水域系统；个体使用者所造成的影响，就像水流本身一样，会顺流而下，连接着系统内的不同使用者。各个环境部分之间的连接，以及社会系统与自然系统之间的这些连接，更容易在生态系统管理计划中得到调解，并引起对各种行动所产生的累积效应的前瞻性考量。

组织：由于生态系统边界与政治边界并不相同，所以基于生态系统的管理需要设立新的组织，这些新组织或者直接管理区域，或者与各种政府机构相协调，在生态学界定的地区产生有意义的行为。流域管理机构（或委员会）和渔业管理委员会可以解决生态系统与政治机构相匹配的问题。创设计划并加以实施的权力也会横跨多个组织，因而也面临政府机构彼此之间的多重制衡。

191 行为改变：历史上的海岸治理一直依靠自上而下的管理方式。然而，流域及渔业领域却仍在使用这种方式，以及越来越多的许多其他工具或手段，包括混合了政府和非政府方式的制度，或者志愿方式占主导的制度。共同管理、市场刺激等手段经常被讨论，并很容易在流域和渔业管理中融合落实。

评估：基于生态系统的管理计划中纳入的政策创新，是从对以部门为基础的管理或空间管理的活动评估发展而来。实际上，当基于生态系统的管理被视为现有失败方法的解决之策时，可能会有重要机遇。在以部门为基础的管理或空间管理的举措中，可持续发展、对政府各自为政情况的管理，以及提高共同利益的能力等方面存在不足，这使得利益相关者开始考虑以生态系统为基础的解决方案。

最后，由于基于生态系统的管理包括了社会系统，也因此包括了人类的需求，所以生态系统思维提供了连接社会和自然系统的基础。

基于生态系统的管理正处于形成阶段，目前缺乏综合的法律权威。但是，海岸管理者正越来越多地采取与基于生态系统的管理方式相符的行动。换句话说，现有法律权威中的增量变化，允许适用生态系统管理原则。

尽管面临挑战，但基于生态系统的管理有可能至少与20世纪70年代颁布的环境法所带来的广泛变化具有同样的意义。海岸管理迫切需要做出改革，将政府和社会作为一个整体来进行双环学习①。在双环学习中，由于机构力图改善其表现，所以管理者都愿意修改标准和目标（Argyris and Schon，1978）。在海岸地区采取生态系统管理方式，将需要不同的政府机构共同努力，来推动更广泛的公众利益，同时避免成为个别部门狭隘利益的推动者。

虽然基于生态系统的管理在概念上很大胆，但这并不是唯一的方法。在可
192 预见的未来，海岸和海洋管理都将依托以部门为基础的管理、空间管理和基于生态系统管理的混合方法。

改　变

海岸和居住在海岸的人们都在不断发生变化，政策目的和实施方式也是如此。因此，管理者需要不断地学习新事物。科学认识、价值观和政策工具的变

① 双环学习：指某一组织检测出错误，并通过改变其标准和目标来纠正这些错误的过程。

化，会经常重构海岸管理的框架。参与者们若能学习自然科学、社会科学，以及针对关键管理问题的技术，才能最有效地促进社会问题的解决。与此同时，专业的海岸管理者需要了解不断变化的社会价值观。价值观决定了公共政策的期望目标。有各种可选方案来鼓励人类行为做出与社会价值观一致的变化，而管理则需要在这些可选方案中进行选择。随着时间的推移，相继引入了新的工具。这些新的政策实施手段包括市场和共同管理等，取代了命令型和控制型管理。

持续的变化促使专业人士不仅要了解当前的情况，而且要能预见未来的挑战。正如我们所讨论的，手段和目标都在发生变化。当两者结合在一起的时候，就产生了新的框架。因此，管理已经从以部门为基础的管理转变成空间管理，并最终转变成了生态系统管理。渔业管理和流域管理中已经产生了一些重大进步。然而，基于生态系统的管理很可能从其他的根本性变革中受益，并可能使目前的组织结构成为过去式。新的政策制定包含了变化和价值创新，其重要性将越来越强。

以部门为基础的管理、空间管理和基于生态系统的管理框架，包含了我们目前的全部做法，但未来却并不只有这些。未来，社会和自然之间的关系将必然会产生新的海岸管理框架。这些新的框架是否能建立更健康的海岸，将取决于我们理解自然系统和社会系统的能力，将这些知识应用于政策过程的能力，并从根本上管理人类行为的能力。这些能力根植于对政策过程的清楚理解，以及对当前管理方法优缺点的熟知。有了理解变化和管理变化的能力，未来的领导人将可以参与有效的海岸治理，缩小我们所拥有的海岸和我们所期望的海岸之间的差距。

193 # 讨论问题

第 1 章

1. 描述你所在的社区，其海岸地区或靠近河流、溪流的陆地区域的自然环境。可以使用科学术语或通俗方式进行描述。随着时间的推移，这些环境是否发生了变化？有何变化？请说明。

2. 你认为哪一个驱动因素对海岸地区的变化来说最重要？为什么？驱动因素影响到了你以上所描述的地区吗？请说明。

3. 全球性变化对海岸地区的影响有哪些？基于你目前所学的知识，请预测全球性变化对海岸政策可能产生的影响。

第 2 章

1. 最近，表 2. 2 中的哪些海岸问题影响到了你，即使你居住的地方离海岸很远？（提示：您所在地区的河流会流入海洋吗？电子设备等产品是如何从产地送到你手中？）

2. 从网络或当地报纸摘选最近的一则有关海岸或海洋的文章。政策过程（图 2. 1）的哪一阶段或哪些阶段能够适用你所摘选的情况？为什么？

3. 正在使用或应当使用哪些政策手段或工具（表 2. 1）来解决你在上一个问题中提出的海岸问题？根据你对这些政策工具在问题解决过程中有效性的期望，解释其优劣势。

第 3 章

1. 解释污水和人类健康之间的联系。

2. 界定和描述控制沿岸水质的主要法律内容。

3. 什么是排放许可证？它们是怎样用于保护沿海水域的？

194 4. 污水处理厂如何运作？流入污水处理厂的是什么？流出的又是什么？使用了哪些处理技术？

5. 科学认识对未处理和处理过的污水对沿海水域的影响，描述其主要变化。

从本章所了解到的来看，科学上的进步是如何影响与公众健康有关的政策？请说明。

第 4 章

1. 石油是如何形成的？美国大部分的海上石油产品生产自哪些地区？

2. 近年来，美国已生产了多少液化石油？已生产了多少桶海上石油？海上石油是美国能源供应的重要组成部分吗？请说明。

3. 什么是国会暂停？什么是总统撤销？美国哪些地区受制于这些措施？为什么？

4. 描述石油勘探、开发、生产和精炼的主要环境影响。美国海上石油治理是如何适应这样一个事实的，即在联邦水域的石油生产对各州的土地和水域产生了直接和间接的影响？

5. 列举在海藻叛乱中出现的两个问题。在你看来，政府的安排已发展到公平解决你所列的每个问题了吗？请说明。

第 5 章

1. 为什么美国的海港都在寻求拥有更深的航道？

2. 由疏浚引起的环境问题有哪些？由疏浚物处理所引起的环境问题有哪些？

3. 哪些政府机构和法律涉及了疏浚问题？怎样涉及的？

4. 污染沉积物的处理是如何监管的？

5. 利用你所了解的利益团体的价值观，以及与疏浚法律有关的知识，解释这种情况下僵局是如何发生的。

6. 定义以部门为基础的管理。

7. 比较和对比污水管理和疏浚管理。在什么情况下，以部门为基础的管理可以良好运作？什么情况下运作不好呢？为什么？基于这两个问题，你是支持还是反对使用目的单一、以部门为基础的管理？解释你采取的立场。 195

第 6 章

1. 海岸湿地的价值是什么？哪些人类活动会影响湿地？

2. 政府是如何架构联邦法律来保护湿地的？列举法律的条款，以及根据法律所采取的行动。

3. 定义与湿地有关的以下概念：恢复、缓解、补偿和零净损。

4. 什么是湿地银行？湿地银行是如何工作的？湿地银行是一种合法的环保方法吗？请解释赞成或反对的原因。

5. 复习本章内容，并确认潮间带湿地减少的原因。选择一个重要的原因，并说明应采取什么样的行动来限制这一原因。

第 7 章

1. 定义海岸地区的排他性、兼容性或多样化，以及可移置的用途。

2. 如果两种或更多种用途竞争同一块区域，将会产生直接或间接的冲突，那么在以部门为基础的管理中，将如何解决这一问题？在空间管理中又将如何解决呢？

3. 美国《海岸带管理法》的目标是什么？如何制订州级计划，以满足国家目标？在州级层面，政府官员会采取什么行动？如何采取行动？

4. 什么是一致性？

5. 列举并解释分区制中的三种重要工具或方法。选择一种能够减少沿海灾害人为风险的方法。这种降低风险的方法是如何产生作用的？

6. 定义无序扩张。是什么推动了无序扩张？美国的海岸管理减少了无序扩张吗？为什么减少了或为什么没有减少？

第 8 章

1. 什么原因导致了墨西哥湾的低氧条件？请说明与此问题有关的自然过程和人类活动。

2. 公共政策可以做出哪些改变，以降低墨西哥湾死亡区的面积？可以采用什么样的工具来实施该政策？

196 3. 利用目前为止你所学到的，定义并举例基于生态系统的沿海水域管理计划的目标群体和机构。

4. 用例子来说明，改善基于生态系统的管理后，增量变化和根本性变化之间的异同。哪种方法可能是最成功的？为什么？

5. 什么是生态系统服务？选择其中之一，说明其是哪种类型的生态系统服务？其与社会系统之间是怎样联系起来的？与自然系统之间又是怎样联系起来的？

6. 定义生态系统服务区。如果你要建立一个生态系统服务区来控制氮元素，你的设计里包含哪三种因素将最有利？解释每种因素，以及该种因素是如何起到作用的。

第 9 章

1. 怎样定义流域？有些人担心，大多数流域的边界都与政治边界不重合。定义什么是政治边界？如果这两种边界不一样，为什么要担心？

2. 流域作为单一单位进行管理的概念已经过时。这种改变的原因是什么？现在，这一问题的立场为何？

3. 列举两个涉及河流或流域管理的联邦机构。说明每个机构的责任性质，以及机构责任是如何实现的。

4. 切萨皮克湾的主要水质目标是什么？谁参与了确立海湾的政策目标？通过哪些组织？在什么时间阶段？

5. 切萨皮克湾目前的状况如何？可以采取何种措施来改善这种状况？在此背景下，列举两条联邦法律是如何运用的。

6. 选择一种基于生态系统管理的原则，并解释其是如何应用于流域管理和海岸管理的。

第 10 章

1. 随着时间的推移，哪些因素使美国渔获量得到扩张？自 20 世纪 90 年代中期，哪些因素限制了渔获量？

2. 在美国渔业中，渔业管理委员会起到了什么样的作用？谁特许了渔业管理委员会的建立？以什么样的方式？谁参与了委员会制定的决策？渔业管理计划包括什么内容？

3. 对比传统的渔业管理和基于生态系统的渔业管理，后者引入了哪些新 197
元素？

4. 说明渔业管理中的增量变化和根本性变化过程，并举例。

5. 美国渔业应当私有化吗？这会让渔业更加具有可持续性吗？请解释说明。

第 11 章

1. 简要界定以部门为基础的管理、空间管理和基于生态系统的管理。哪一种最难以实施？为什么？

2. 假设你非常支持以部门为基础的管理。你会如何修订决策过程，即无序扩张的决策或与土地用途相关的近岸水质决策？

3. 在何种程度上，多用途的管理方式和空间管理是一样的？或者是不同的？请说明。

4. 比较和对比空间管理和基于生态系统的管理。

5. 如果在渔业/流域/海岸管理领域采用以生态系统为基础的管理方式，在政策过程中的哪个阶段，你会期望看到做出最大的改变？

参考文献

Adler, R. 1995. Addressing barriers to watershed protection. *Environmental Law* 25: 973-1 106.

Adler, R. W., J. C. Landman, and D. M. Cameron. 1993. *The Clean Water Act 20 Years Later*. Washington, D. C.: Island Press.

Anderson, J. 1979. *Public Policy Making*. New York: Holt, Rinehart and Winston.

Anderson, S. 1999. Watershed management and nonpoint source pollution: The Massachusetts approach. *Boston College Environmental Affairs Law Review* 26: 339-386.

Argyris, C., and D. Schön. 1978. *Organizational Learning: A Theory of Action Perspective*. Reading, MA: Addison-Wesley Publishing Company.

Arkema, K. K., S. C. Abramson, and B. M. Dewsbury. 2006. Marine ecosystem-based management: From characterization to implementation. *Frontiers in Ecology and the Environment* 4 (10): 525-532.

Arnstein, S. 1969. A ladder of citizen participation. *Journal of the American Planning Association* 35: 216-224.

Babcock, E. A., and E. K. Pikitch. 2004. Can we reach agreement on a standardized approach to ecosystem-based fishery management? *Bulletin of Marine Science* 74: 685-692.

Bagley, P. R. 2003. Don't forget about the fishermen: In the battle over fisheries conservation and management, a conservation ethic has trumped economic concerns of the community—or has it? *Suffolk University Law Review* 36: 765-786.

Bagstad, K. J., K. Stapleton, and J. R. D'Agostino. 2007. Taxes, subsidies, and insurance as drivers of United States coastal development. *Ecological Economics* 63: 285-298.

Baldwin, M. 1970. The Santa Barbara oil spill. In M. Baldwin and J. Page, eds., *Law and the Environment*. New York: Walker and Company.

Baldwin, P., and M. Baldwin. 1975. *Onshore Planning for Offshore Oil: Lessons from Scotland*. Washington, D. C.: The Conservation Foundation.

Bardach, E. 1977. *The Implementation Game: What Happens After a Bill Becomes a Law*. Cambridge, MA: The MIT Press.

Bardach, E. 2009. *A Practical Guide for Policy Analysis: The Eightfold Path to More Effective Problem Solving*. Washington, D. C.: CQ Press.

Barras, J., S. Beville, D. Britsch, S. Hartley, S. Hawes, J. Johnston, P. Kemp, Q. Kinler, A. Martucci, J. Porthouse, D. Reed, K. Roy, S. Sapkota, and J. Suhayda. 2004. Historical and projected coastal Louisiana land changes: 1978-2050. Washington, D. C.: United States Geological Survey,

USGS Open File Report 03-334.

Barrow, C. 1998. River basin development planning and management: A critical review. *World Development* 26 (1): 171-186.

Beatley, T., D. J. Brower, and A. K. Schwab. 2002. *An Introduction to Coastal Zone Management*, 2nd ed. Washington, D. C.: Island Press.

200 Beebe, B. 1961. Drilling the exploratory well. In G. Moody, ed., *Petroleum Exploration Handbook*. New York: McGraw-Hill Book Company.

Berkes, F. 1994. Co-management: Bridging the two solitudes. *Northern Perspectives* 22 (2-3): 18-20.

Birkland, T. 1997. *After Disaster: Agenda Setting, Public Policy and Focusing Events*. Washington, D. C.: Georgetown University Press.

Birkland, T. 2005. *An Introduction to the Policy Process: Theories, Concepts, and Models of Public Policy Making*. Armonk, NY: M. E. Sharpe.

Bloomberg, M. R., and E. Lloyd. 2007. *New York City's Wastewater Treatment System*. New York: New York City Department of Environmental Protection.

Blume, A. 2002. A proposal for funding port dredging to improve the efficiency of the nation's marine transportation system. *Journal of Maritime Law and Commerce* 33: 37-89.

Boesch, D., and E. Goldman. 2009. Chesapeake Bay, USA. In K. McLeod and H. Leslie, eds., *Ecosystem-Based Management for the Oceans*. Washington, D. C.: Island Press, 268-293.

Born, S., and A. Miller. 1988. Assessing networked coastal zone management programs. *Coastal Management* 16: 229-243.

Brauman, K., G. Daily, T. Duarte, and H. Mooney. 2007. The nature and value of ecosystem services: An overview highlighting hydrologic services. *Annual Review of Environment and Resources* 32: 67-98.

Brax, J. 2002. Zoning the oceans: Using the National Marine Sanctuaries Act and the Antiquities Act to establish marine protection areas and marine reserves in America. *Ecology Law Quarterly* 29: 71-129.

Brewer, G., and P. deLeon. 1983. *The Foundations of Policy Analysis*. Homewood, IL: The Dorsey Press.

Brookfield, K., T. Gray, and J. Hatchard. 2005. The concept of fisheries-dependent communities. A comparative analysis of four UK case studies: Shetland, Peterhead, North Shields and Lowestoft. *Fisheries Research* 72: 55-69.

Brown, K., E. Tompkins, and W. Adger. 2002. *Making Waves: Integrating Coastal Conservation and Development*. London: Earthscan.

Brunner, R., and T. Clark. 1997. A practice-based approach to ecosystem management. *Conservation Biology* 11 (1): 48-58.

Burroughs, R. 1981. OCS oil and gas: Relationships between resource management and environmental research. *Coastal Zone Management Journal* 9: 77-88.

Burroughs, R. 1986. Seafloor area within reach of petroleum technology. *Ocean Management* 10: 125-135.

Burroughs, R. 1988. Ocean dumping: Information and policy development in the USA. *Marine Policy* 12: 96-104.

Burroughs, R. 1999. When stakeholders choose: Process, knowledge, and motivation in water quality decisions. *Society and Natural Resources* 12 (8): 797-809.

Burroughs, R. 2003. Goal and trend assessment to define coastal ecosystem management initiatives. *Local Environment* 8: 277-329.

Burroughs, R. 2005. Institutional change in the Port of New York. *Maritime Policy and Management* 32 (3): 315-328.

Burroughs, R., and T. Clark. 1995. Ecosystem management: A comparison of Greater Yellowstone and Georges Bank. *Environmental Management* 19: 649-663.

Busch, C. B., D. L. Kirp, and D. F. Schoenholz. 1998. Taming adversarial legalism: The Port of 201
Oakland's dredging saga revisited. *New York University School of Law Journal of Legislation and Public Policy* 2: 179-216.

Capper, J., G. Power, and F. Shivers. 1983. *Chesapeake Waters: Pollution, Public Health, and Public Opinion*, 1607-1972. Centreville, MD: Tidewater Publishers.

Carter, R. W. G. 1988. *Coastal Environments: An Introduction to the Physical, Ecological, and Cultural Systems of Coastlines*. New York: Academic Press.

Chandler, W., and H. Gillelan. 2004. The history and evolution of the National Marine Sanctuaries Act. *Environmental Law Reporter* 34: 10 505-10 565.

Chertow, M. 2001. The IPAT equation and its variants. *Journal of Industrial Ecology* 4: 13-29.

Chesapeake Bay Agreement. 1987. www. cheaspeakebay. net.

Christie, P., R. Pollnac, D. Fluharty, M. Hixon, G. K. Lowry, R. Mahon, D. Pietri, B. Tissot, A. White, N. Armada, and R. -L. Eisma-Osorio. 2009. Tropical marine EBM feasibility: A synthesis of case studies and comparative analyses. *Coastal Management* 37: 374-385.

Cicin-Sain, B., and R. Knecht. *The Future of U. S. Ocean Policy*. Washington, D. C.: Island Press.

Clark, R. 2001. *Marine Pollution*. Oxford, UK: Oxford University Press.

Clark, T. 2002. *The Policy Process: A Practical Guide for Natural Resource Professionals*. New Haven, CT: Yale University Press.

Cohen, M., J. Marsh, and J. Olsen. 1972. A garbage can model of organizational choice. *Administrative Science Quarterly* 17: 1-25.

Cook, E. 1976. *Man, Energy, Society*. San Francisco: W. H. Freeman and Company.

Cortner, H., and M. Moote. 1999. A paradigm shift? In *The Politics of Ecosystem Management*. Washington, D. C.: Island Press, 37-55.

Costanza, R., and J. Greer. 1995. The Chesapeake Bay and its watershed: A model for sustainable ecosystem management? In L. Gunderson, C. Holling, and S. Light, eds., *Barriers and Bridges to the Renewal of Ecosystems and Institutions*. New York: Columbia University Press, 169–213.

Costanza, R., F. Andrade, P. Antunes, M. Belt, D. Boersma, D. Boesch, F. Catarino, S. Hanna, K. Limburg, B. Low, M. Molitor, J. Pereira, S. Rayner, R. Santos, J. Wilson, and M. Young. 1998. Principles for sustainable governance of the oceans. *Science* 281 (5374): 198–199.

Costanza, R., O. Perez-Maqueo, M. Martinez, P. Sutton, S. Anderson, and K. Mulder. 2008. The value of coastal wetlands for hurricane protection. *Ambio* 37 (4): 241–248.

Cotgreave, P., and I. Forseth. 2002. *Introductory Ecology*. Oxford, UK: Blackwell Science Ltd.

Council on Environmental Quality. 1970. *Ocean Dumping: A National Policy*. Washington, D. C.: U. S. Government Printing Office.

Council on Environmental Quality. 1974. OCS Oil and Gas: An Environmental Assessment. Washington, D. C.: U. S. Government Printing Office.

Cowen, R. 1960. *Frontiers of the Sea: The Story of Oceanographic Exploration*. New York: Bantam Books.

Crawford, T. 2007. Where does the coast sprawl the most? Trajectories of residential development and sprawl in coastal North Carolina, 1971–2000. *Landscape and Urban Planning* 83: 294–307.

202 Crossett, K., T. Culliton, P. Wiley, and T. Goodspeed. 2004. *Population Trends along the Coastal United States*, 1980–2008. Washington, D. C.: National Oceanic and Atmospheric Administration.

Crossland, C., H. Kremer, H. Lindeboom, J. Crossland, and M. Le Tissier, eds. 2005. *Coastal Fluxes in the Anthropocene*. Berlin: Springer-Verlag.

Crowder, L., G. Osherenko, O. Young, S. Airame, E. Norse, N. Baron, J. Day, F. Douvere, C. Ehler, B. Halpern, S. Langdon, K. McLeod, J. Ogden, R. Peach, A. Rosenberg, and J. Wilson. 2006. Resolving mismatches in U. S. ocean governance. *Science* 313: 617–618.

Culliton, T. J., J. McDonough, D. Remer, and D. Lott. 1992. *Building America's Coasts: 20 Years of Building Permits*, 1970–1989. Rockville, MD: National Oceanic and Atmospheric Administration.

Dahl, T. 2006. *Status and Trends of Wetlands in the Conterminous United States* 1998 *to* 2004. Washington, D. C.: U. S. Fish and Wildlife Service.

Daily, G. 1997. Introduction: What are ecosystem services? In G. C. Daily, ed., *Nature's Services: Societal Dependence on Natural Ecosystems*. Washington, D. C.: Island Press, 1–10.

Daily, G., and P. Matson. 2008. Ecosystem services: From theory to implementation. *Proceedings of the National Academy of Sciences* 105 (28): 9 455–9 456.

Dalton, T., R. Thompson, and D. Jin. 2010. Mapping human dimensions in marine spatial planning and management: An example from Narragansett Bay, Rhode Island. *Marine Policy* 34: 309–319.

Davies, J., and J. Mazurek. 1998. Pollution Control in the United States: *Evaluating the System*. Washington, D. C.: Resources for the Future.

Davis, B. 2001. Judicial interpretations of federal consistency under the Coastal Zone Management Act. *Coastal Management* 29: 341-352.

Davis, B. 2004. Regional planning in the U. S. coastal zone: A comparative analysis of 15 special area plans. *Ocean and Coastal Management* 47: 79-94.

Day, Jr., J. W., C. A. S. Hall, W. M. Kemp, and A. Yanez-Arancibia. 1989. *Estuarine Ecology*. New York: John Wiley & Sons.

Day, Jr., J., D. Boesch, E. Clairain, G. Kemp, S. Laska, W. Mitsch, K. Orth, H. Mashriqui, D. Reed, L. Shabman, C. Simenstad, B. Streever, R. Twilley, C. Watson, J. Wells, and D. Whigham. 2007. Restoration of the Mississippi Delta: Lessons from hurricanes Katrina and Rita. *Science* 315: 1 679-1 684.

Dayton, P., M. Tegner, P. Edwards, and K. Riser. 1998. Sliding baselines, ghosts, and reduced expectations in kelp forest communities. *Ecological Applications* 8: 309-322.

Deffeyes, K. 2005. *Beyond Oil: A View from Hubbert's Peak*. New York: Hill and Wang. Department of Defense and U. S. Environmental Protection Agency. 2008. Compensatory mitigation for losses of aquatic resources. *Federal Register* 73 (70): 19 594-19 705.

Done, T. J., and R. E. Reichelt. 1998. Integrated coastal zone and fisheries ecosystem management: Generic goals and performance indices. *Ecological Applications* S110-S118.

Douvere, F. 2008. The importance of marine spatial planning in advancing ecosystembased sea use management. *Marine Policy* 32: 762-771.

Douvere, F., and C. Ehler. 2009. New perspectives on sea use management: Initial findings from European experience with marine spatial planning. *Journal of Environmental Management* 90: 77-88.

Eagle, J., and B. Thompson. 2003. Answering Lord Perry's question: Dissecting regulatory overfishing. 203
Ocean and Coastal Management 46: 649-679.

Eagle, J., S. Newkirk, and B. Thompson. 2003. Taking Stock of the Regional Fisheries Management Councils. Washington, D. C.: Island Press.

Ecosystem Principles Advisory Panel. 1999. Ecosystem-based fishery management: A report to the Congress by the Ecosystem Principles Advisory Panel. Silver Spring, MD: National Marine Fisheries Service.

Ehler, C. 2008. Conclusions: Benefits, lessons learned, and future challenges of marine spatial planning. *Marine Policy* 32: 840-843.

Ehrlich, P., and A. Ehrlich. 1990. *The Population Explosion*. New York: Simon and Schuster. Energy Information Administration. 2009. Annual Energy Review 2008. Washington, D. C.: Energy Information Administration.

Environmental Law Institute. 2006. The Status and Character of In-lieu Fee Mitigation in the United States. Washington, D. C.: Environmental Law Institute, 1-11.

Environmental Protection Agency. 1991. Evaluation of Dredged Material Proposed for Ocean Disposal—Testing Manual. Washington, D. C. : EPA, EPA-503/B-91/001.

Environmental Protection Agency. 1998. EPA's Contaminated Sediment Management Strategy. Washington, D. C. : EPA, EPA-823-R-98-001.

Environmental Protection Agency. 1999a. Chlorine Disinfection. Washington, D. C. : EPA, EPA 832-F-99-062.

Environmental Protection Agency. 1999b. Ozone Disinfection. Washington, D. C. : EPA, EPA 832-F-99-063.

Environmental Protection Agency. 1999c. Ultraviolet Disinfection. Washington, D. C. : EPA, EPA 832-F-99-064.

Environmental Protection Agency. 1999d. Biosolids Generation, Use, and Disposal in the United States. Washington, D. C. : EPA, EPA 530-R-99-09.

Environmental Protection Agency. 2004. Primer for Municipal Wastewater Treatment Systems. Washington, D. C. : EPA, EPA 832-R-04-001.

Environmental Protection Agency. 2006. Saving the Chesapeake Bay Watershed Requires Better Coordination of Environmental and Agricultural Resources. Washington, D. C. : EPA, EPA OIG Report No. 2007-P-00004.

Environmental Protection Agency. 2007. Development growth outpacing progress in watershed efforts to restore Chesapeake Bay. Washington, D. C. : EPA, EPA OIG Report No. 2007-P-00031.

Environmental Protection Agency. 2008a. National Coastal Condition Report III. Washington, D. C. : EPA, EPA 842-R-08-002.

Environmental Protection Agency. 2008b. EPA's BEACH Report: 2007 Swimming Season. Washington, D. C. : EPA, EPA 823-F-08-006.

Environmental Protection Agency and the Army Corps of Engineers. 1998. Evaluation of Dredged Material Proposed for Discharge in Waters of the U. S. —Testing Manual (Inland Testing Manual) . Washington, D. C. : EPA and Corps of Engineers, EPA-823-B-98-004.

Ernst, H. 2003. *Chesapeake Bay Blues: Science, Politics, and the Struggle to Save the Bay*. Lanham, MD: Rowman& Littlefield Publishers, Inc.

204 Ewel, K. C. 1997. Water quality improvements by wetlands. In G. C. Daily, ed. , *Nature's Services: Societal Dependence on Natural Ecosystems*. Washington, D. C. : Island Press, 329-344.

Farber, S. , R. Costanza, D. Childers, J. Erickson, K. Gross, M. Grove, C. Hopkinson, J. Kahan, S. Pincetl, A. Troy, P. Warren, and M. Wilson. 2006. Linking ecology and economics for ecosystem management. *BioScience* 56 (2): 121-133.

Federal Energy Administration. 1974. Project Independence Report. Washington, D. C. : US Government Printing Office.

Federal Water Pollution Control Act Amendments of 1972. 33 United States Code 1251 et seq.

Ferejohn, J. A. 1974. *Pork Barrel Politics: Rivers and Harbors Legislation*, 1947–1968. Stanford, CA: Stanford University Press.

Field, J. C., and R. C. Francis. 2006. Considering ecosystem-based fisheries management in the California current. *Marine Policy* 30: 552–569.

Fishery Conservation and Management Act. 16 United States Code 1801 et seq.

Fitzgerald, E. 2001. *The Seaweed Rebellion: Federal–State Conflicts over Offshore Energy Development*. Lanham, MD: Lexington Books.

Flow Rate Technical Group, National Incident Command. 2010. U. S. Scientific Teams Refine Estimates of Oil Flow from BP's Well Prior to Capping. Deepwater Horizon Incident Joint Information Center. August 2. http://www.deepwater horizonresponse.com/go/doc/2931/840475/. Accessed Aug. 3, 2010.

Fluharty, D. 2005. Evolving ecosystem approaches to management of fisheries in the USA. *Marine Ecology Progress Series* 300: 241–296.

Food and Agriculture Organization. 2003. The ecosystem approach to fisheries. FAO Technical Guidelines for Responsible Fisheries No. 4, Supplement 2. Rome: FAO.

Food and Agriculture Organization of the United Nations. 2005. Review of the State of World Marine Fishery Resources. FAO Fisheries Technical Paper 457. Rome: FAO.

Francis, R., M. Hixon, M. Clarke, S. Murawski, and S. Ralston. 2007. Ten commandments for ecosystem-based fisheries scientists. *Fisheries* 32 (5): 217–228.

Freeman, A. 1990. Water pollution policy. In P. R. Portney, ed., *Public Policies for Environmental Protection*. Washington, D. C.: Resources for the Future, 97–149.

Freudenburg, W., and R. Gramling. 1994. *Oil in Troubled Waters: Perceptions, Politics, and the Battle over Offshore Drilling*. Albany: State University of New York Press.

Garcia, S. M., and K. L. Cochrane. 2005. Ecosystem approach to fisheries: A review of implementation guidelines. *ICES Journal of Marine Science* 62: 311–318.

Gedan, K., B. Silliman, and M. Bertness. 2009. Centuries of human-driven change in salt marsh ecosystems. *Annual Review of Marine Science* 1: 117–141.

Ginter, J. 1995. The Alaska community development quota fisheries management program. *Ocean and Coastal Management* 28: 147–163.

Goins, W., and R. Sheffield. 1983. *Blowout Prevention*. Houston, TX: Gulf Publishing Company.

Goldfarb, W. 1994. Watershed management: Slogan or solution? *Boston College Environmental Affairs Law Review* 21 (3): 483–510.

Goldman, J. 1997. *Building New York's Sewers: Developing Mechanisms of Urban Management*. West Lafayette, IN: Purdue University Press.

Goldsmith, R. 2005. Deepwater wells: High production, high risk. *Offshore* 65 (3) March 1, 2005. 205

Good, J. , J. Weber, and J. Charland. 1999. Protecting estuaries and coastal wetlands through state coastal zone management programs. *Coastal Management* 27: 139–186.

Government Accountability Office. 2008a. Coastal Zone Management: Measuring Program's Effectiveness Continues to be a Challenge. Washington, D. C. : GAO, GAO–08–1045.

Government Accountability Office. 2008b. Chesapeake Bay program: Recent actions are positive steps toward more effectively guiding the restoration effort. Washington, D. C. : GAO–08–1033T.

Graff, W. 1981. *Introduction to Offshore Structures.* Houston, TX: Gulf Publishing.

Gramling, R. , and W. Freudenburg. 2006. Attitudes toward offshore oil development: A summary of current evidence. *Ocean & Coastal Management* 49: 442–461.

Gregersen, H. , P. Ffolliot, and K. Brooks. 2007. *Integrated Watershed Management: Connecting People to Their Land and Water.* Oxfordshire, UK: CAB International.

Grigalunas, T. , J. Opaluch, J. Diamantides, and M. Mazzotta. 1998. Liability for oil spill damages: Issues, methods, and examples. *Coastal Management* 26: 61–77.

Hassett, B. , M. Palmer, E. Bernhardt, S. Smith, J. Carr, and D. Hart. 2005. Restoring watersheds project by project: Trends in Chesapeake Bay tributary restoration. *Frontiers in Ecology and the Environment* 3 (5): 259–267.

Hatry, H. , R. Winnie, and D. Fisk. 1981. *Practical Program Evaluation for State and Local Governments.* Washington, D. C. : The Urban Institute Press.

Heal, G. , G. Daily, P. Ehrlich, J. Salzman, C. Boggs, J. Hellmann, J. Hughes, C. Kremen, and T. Ricketts. 2001. Protecting natural capital through ecosystem service districts. *Stanford Environmental Law Journal* 20: 333–364.

Healy, M. 1997. Still dirty after twenty–five years: Water quality standard enforcement and the availability of citizen suits. *Ecology Law Quarterly* 24: 271–273.

Hennessey, T. 1994. Governance and adaptive management for estuarine ecosystems: The case of Chesapeake Bay. *Coastal Management* 22: 119–145.

Hershman, M. , J. Good, T. Bernd–Cohen, R. Goodwin, V. Lee, and P. Pogue. 1999. The effectiveness of coastal zone management in the United States. *Coastal Management* 27: 113–138.

Hilborn, R. 2007. Moving to sustainability by learning from successful fisheries. *Ambio* 36: 296–303.

Holdway, D. 2002. The acute and chronic effects of wastes associated with offshore oil and gas production on temperate and tropical marine ecological processes. *Marine Pollution Bulletin* 44: 185–203.

Holling, C. S. , ed. 1978. *Adaptive Environmental Assessment and Management.* New York: John Wiley.

Houck, O. 2002. *The Clean Water Act TMDL Program: Law, Policy, and Implementation.* Washington, D. C. : Environmental Law Institute.

Howlett, M. , and M. Ramesh. 1995. *Studying Public Policy: Policy Cycles and Policy Subsystems.* Oxford: Oxford University Press.

Hubbert, Marion K. "Nuclear Energy and the Fossil Fuels," in *Drilling and Production Practice*, American Petroleum Institute Proceedings of Spring Meeting, San Antonio (1956).

Hughey, K., R. Cullen, and G. Kerr. 2000. Stakeholder groups in fisheries management. *Marine Policy* 24: 119–127. 206

Intergovernmental Panel on Climate Change (IPCC). 2007a. Summary for Policymakers. In *Climate Change* 2007: *The Physical Science Basis. Contribution of Working Group I to the Fourth Assessment Report of the Intergovernmental Panel on Climate Change*. S. Solomon, D. Qin, M. Manning, Z. Chen, M. Marquis, K. Averyt, M. Tignor, and H. Miller, eds. Cambridge, UK: Cambridge University Press.

IPCC. 2007b. *Climate Change* 2007: *The Physical Science Basis. Contribution of Working Group I to the Fourth Assessment Report of the Intergovernmental Panel on Climate Change*. S. Solomon, D. Qin, M. Manning, Z. Chen, M. Marquis, K. Averyt, M. Tignor, and H. Miller, eds. Cambridge, UK: Cambridge University Press.

IPCC. 2007c. Summary for Policymakers. In *Climate Change* 2007: *Impacts, Adaptation, and Vulnerability. Working Group II Contribution to the Intergovernmental Panel on Climate Change Fourth Assessment Report*. M. Parry, O. Canziani, J. Palutikof, P. van der Linden, and C. Hansen, eds. Cambridge, UK: Cambridge University Press.

Jackson, J., M. Kirby, W. Berger, K. Bjorndal, L. Botsford, B. Bourque, R. Bradbury, R. Cooke, J. Erlandson, J. Estes, T. Hughes, S. Kidwell, C. Lange, H. Lenihan, J. Pandolfi, C. Peterson, R. Steneck, M. Tegner, and R. Warner. 2001. Historical overfishing and the recent collapse of coastal ecosystems. *Science* 293: 629–638.

Jentoft, S. 2004. Institutions in fisheries: What they are, what they do, and how they change. *Marine Policy* 28: 137–149.

Jentoft, S. 2007. Limits of governability: Institutional implications for fisheries and coastal governance. *Marine Policy* 31: 360–370.

Jentoft, S., and B. McCay. 1995. User participation in fisheries management: Lessons drawn from international experiences. *Marine Policy* 19: 227–246.

Johnson, K. 1999. The mythical giant: Clean Water Act Section 401 and nonpoint source pollution. *Environmental Law* 29: 417–461.

Jones, C. O. 1984. *An Introduction to the Study of Public Policy*. Monterey, CA: Brooks/Cole.

Juda, L. 1993. Ocean policy, multi-use management, and the cumulative impact of piecemeal change: The case of the United States outer continental shelf. *Ocean Development and International Law* 24: 355–376.

Juda, L. 1999. Considerations in developing a functional approach to the governance of large marine ecosystems. *Ocean Development and International Law* 30: 89–125.

Juda, L. , and R. Burroughs. 2004. Dredging navigational channels in a changing scientific and regulatory environment. *Journal of Maritime Law and Commerce* 35 (2): 171-218.

Juda, L. , and T. Hennessey. 2001. Governance profiles and the management of the uses of large marine ecosystems. *Ocean Development and International Law* 32: 43-69.

Kagan, R. A. 1991. The dredging dilemma: Economic development and environmental protection in Oakland Harbor. *Coastal Management* 19: 313-341.

Kagan, R. A. 2001. *Adversarial Legalism: The American Way of Law.* Cambridge, MA: Harvard University Press.

Kash, D. , I. White, K. Bergey, M. Chartock, M. Devine, R. Leonard, S. Salomon, and H. Young. 1973. *Energy Under the Oceans: A Technology Assessment of Outer Continental Shelf Oil and Gas Operations.* Norman, OK: University of Oklahoma Press.

207 Kay, R. , and J. Alder. 2005. *Coastal Planning and Management.* London: Taylor & FrancisGroup.

Kennish, M. 1991. *Ecology of Estuaries: Anthropogenic Effects.* Boca Raton, FL: CRC Press, 357-397.

Kennish, M. 1997. Dredging and dredged-spoil disposal. In M. Kennish, ed. , *Practical Handbook of Estuarine and Marine Pollution.* Boca Raton, FL: CRC Press, 447-477.

Ketchum, B. , ed. 1972. *The Water's Edge: Critical Problems of the Coastal Zone.* Cambridge, MA: The MIT Press.

Knecht, R. , B. Cicin-Sain, and G. W. Fisk. 1996. Perceptions on the performance of state coastal zone management programs in the United States. *Coastal Management* 24: 141-164.

Ko, J. , and J. Day. 2004. A review of ecological impacts of oil and gas development on coastal ecosystems in the Mississippi Delta. *Ocean & Coastal Management* 47: 597-623.

Kurlansky, M. 2006. *The Big Oyster: History on the Half Shell.* New York: Random House, Inc.

Kusler, J. , and M. Kentula, eds. 1990. *Wetland Creation and Restoration: The Status of the Science.* Washington, D. C. : Island Press.

Labaree, B. W. , W. M. Fowler, E. W. Sloan, J. B. Hattendorf, J. J. Safford, and A. W. German. 1998. *America and the Sea: A Maritime History.* Mystic, CT: Mystic Seaport Museum, Inc.

LaBelle, R. 2001. Overview of U. S. Minerals Management Service activities in deepwater research. *Marine Pollution Bulletin* 43: 256-261.

Lant, C. , J. Ruhl, and S. Kraft. 2008. The tragedy of ecosystem services. *Bioscience* 58 (10): 969-974.

Lasswell, H. 1971. *A Pre-View of Policy Sciences.* New York: American Elsevier.

Laws, E. A. 2000. *Aquatic Pollution: An Introductory Text*, 3rd ed. New York: John Wiley & Sons, Inc.

Layzer, J. 2008. *Natural Experiments: Ecosystem-based Management and the Environment.* Cambridge, MA: The MIT Press.

Lee, K. 1999. Appraising adaptive management. *Ecology and Society* 3 (2): article 3 www. consecol. org/

vol3/iss2/art3/.

Lemos, M., and A. Agrawal. 2006. Environmental governance. *Annual Review of Environment and Resources* 31: 297-325.

Leschine, T., B. Ferriss, K. Bell, K. Bartz, S. MacWilliams, M. Pico, and A. Bennett. 2003. Challenges and strategies for better use of scientific information in the management of coastal estuaries. *Estuaries* 26 (4B): 1 189-1 204.

Levin, S., and J. Lubchenco. 2008. Resilience, robustness, and marine ecosystem-based management. *Bioscience* 58 (1): 27-32.

Lewis, Jr., W. 2001. *Wetlands Explained: Wetland Science, Policy, and Politics in America.* New York: Oxford University Press.

Lindblom, C. 1959. The science of "muddling through." *Public Administration Review* 19 (2): 79-88.

Link, J. S. 2002a. Ecological considerations in fisheries management: When does it matter? *Fisheries* 27 (4): 10-17.

Link, J. S. 2002b. What does ecosystem-based fisheries management mean? *Fisheries* 27 (4): 18-21.

Long, E. 2000. Degraded sediment quality in U. S. estuaries: A review of magnitude and ecological impli- 208
cations. *Ecological Applications* 10: 338-349.

Long, E., and P. Chapman. 1985. A sediment quality triad: Measures of sediment contamination, toxicity, and infaunal community composition in Puget Sound. *Marine Pollution Bulletin* 16: 405-415.

Lubchenco, J., S. Palumbi, S. Gaines, and S. Andelman. 2003. Plugging a hole in the ocean: The emerging science of marine reserves. *Ecological Applications* 13 (1) Supplement: S3-S7.

Lubell, M. 2005. Do watershed partnerships enhance beliefs conducive to collective action? In P. Sabatier, W. Focht, M. Lubell, Z. Trachtenberg, A. Vedlitz, and M. Matlock, eds., *Swimming Upstream: Collaborative Approaches to Watershed Management.* Cambridge, MA: The MIT Press, 201-232.

Mace, P. M. 2001. A new role for MSY. *Fish and Fisheries* 2: 2-32.

Macinko, S., and D. Bromley. 2002. Who Owns America's Fisheries? Philadelphia: The Pew Charitable Trusts.

Mangel, M., and P. S. Levin. 2005. Regime, phase and paradigm shifts: Making community ecology the basic science for fisheries. *Philosophical Transactions of the Royal Society* 360: 95-105.

Marasco, R. J., D. Goodman, C. B. Grimes, P. W. Lawson, A. E. Punt, and T. J. Quinn II. 2007. Ecosystem-based fisheries management: Some practical suggestions. *Canadian Journal of Fisheries and Aquatic Sciences* 64: 928-939.

March, J., and H. Simon. 1958. *Organizations.* New York: John Wiley & Sons.

Marine Protection Research and Sanctuaries Act of 1972. 33 USC 1401 et seq.

Mayo, R., and L. O'Brien. 2006. Status of Fishery Resources off the Northeastern US—Atlantic Cod.

Woods Hole, MA: Northeast Fisheries Science Center (NEFSC), NEFSC Reference Document 06-02.

Mazmanian, D., and P. Sabatier. 1989. *Implementation and Public Policy with a New Postscript*. Lanham, MD: University Press of America.

McCauley, D. 2006. Selling out on nature. *Nature* 443 (7): 27-28.

McLeod, K., and H. Leslie, eds. 2009. *Ecosystem-based Management for the Oceans*. Washington, D. C.: Island Press.

McLeod, K., and H. Leslie. 2009. State of the practice. In K. McLeod and H. Leslie, eds., *Ecosystem-based Management for the Oceans*. Washington, D. C.: Island Press, 314-321.

McLeod, K., J. Lubchenco, S. Palumbi, and A. Rosenberg. 2005. Scientific consensus statement on marine ecosystem-based management. Communication Partnership on Science and the Sea. compassonline. org/? q=EBM.

McLusky, D., and M. Elliott. 2004. *The Estuarine Ecosystem: Ecology, Threats, and Management*, 3rd ed. Oxford, UK: Oxford University Press.

Mitsch, W. J., and J. G. Gosselink. 2000. *Wetlands*, 3rd ed. New York: John Wiley & Sons, Inc.

Mitsch, W. J., and J. G. Gosselink. 2007. *Wetlands*, 4th ed. Hoboken, NJ: John Wiley & Sons, Inc.

Moore, K., and R. Russell. 2009. Toward a new ethic for the oceans. In K. McLeod and H. Leslie, eds., *Ecosystem-based Management for the Oceans*. Washington, D. C.: Island Press, 325-340.

209 Mead, W., A. Moseidjord, D. Muraoka, and P. Sorensen. 1985. *Offshore Lands: Oil and Gas Leasing and Conservation on the Outer Continental Shelf*. San Francisco, CA: Pacific Institute for Public Policy Research.

Mueller, J., and A. Anderson. 1983. Municipal sewage systems. In E. Myers and E. Harding, eds., *Ocean Disposal of Municipal Wastewater: Impacts on the Coastal Environment*. Washington, D. C.: National Oceanic and Atmospheric Administration, Volume 1: 37-92.

National Center for Ecological Analysis and Synthesis. 2001. Scientific consensus statement on marine reserves and marine protected areas. Santa Barbara, CA: National Center for Ecological Analysis and Synthesis. www. nceas. ucsb. edu/Consensus

National Marine Fisheries Service. 2008. 2007 Report to Congress: The Status of U. S. Fisheries. Silver Spring, MD: National Marine Fisheries Service.

National Oceanic and Atmospheric Administration. 2009. CZMA federal consistency overview. Silver Spring, MD: NOAA.

National Oceanic and Atmospheric Administration (NOAA) Fish Stock Sustainability Index (FSSI). 2009. http: //www. nmfs. noaa. gov/sfa/statusoffisheries/SOSmain. htm.

National Research Council. 1978a. Multimedium Management of Municipal Sludge. Washington, D. C.: National Academy of Sciences.

National Research Council. 1978b. *OCS Oil & Gas: An Assessment of the Department of the Interior Envi-*

ronmental Studies Program. Washington, D. C. : National Academy of Sciences.

National Research Council. 1981. *Safety and Offshore Oil*. Washington, D. C. : National Academies Press.

National Research Council. 1985a. *Oil in the Sea: Inputs, Fates, and Effects*. Washington, D. C. : National Academies Press.

National Research Council. 1985b. *Dredging Coastal Ports: An Assessment of the Issues*. Washington, D. C. : National Academies Press.

National Research Council. 1993. *Managing Wastewater in Coastal Urban Areas*. Committee on Wastewater Management for Coastal Urban Areas. Washington, D. C. : National Academies Press.

National Research Council. 1999. *New Strategies for America's Watersheds*. Washington, D. C. : National Academies Press.

National Research Council. 2003. *Oil in the Sea III: Inputs, Fates, and Effects*. Washington, D. C. : The National Academies Press.

National Research Council—Transportation Research Board (TRB). 2008. *Potential Impacts of Climate Change on U. S. Transportation*. Washington, D. C. : National Academy of Sciences, TRB Special Report 290.

National Wetlands Policy Forum. 1988. *Protecting America's Wetlands: An Action Agenda*. Washington, D. C. : Conservation Foundation.

Nelson, G. , E. Bennett, A. Berhe, K. Cassman, R. DeFries, T. Dietz, A. Dobermann, A. Dobson, A. Janetos, M. Levy, D. Marco, N. Nakicenovic, B. O'Neill, R. Norgaard, G. Petschel-Held, D. Ojima, P. Pingali, R. Watson, and M. Zurek. 2006. Anthropogenic drivers of ecosystem change: An overview. *Ecology and Society* 11 (2): article 29. www. ecologyandsociety. org/vol11/iss2/art29/.

Newell, R. , L. Seiderer, and D. Hitchcock. 1998. The impact of dredging works on coastal waters: A review of the sensitivity to disturbance and subsequent recovery of biological resources on the sea bed. 210
Oceanography and Marine Biology Annual Review 36: 127-178.

Noble, B. F. 2000. Institutional criteria for co-management. *Marine Policy* 24: 69-77.

Norton, R. 2005. More and better local planning: State-mandated local planning in coastal North Carolina. *Journal of the American Planning Association* 71 (1): 55-71.

Ocean Policy Task Force. 2009. Interim Framework of Effective Coastal and Marine Spatial Planning. Washington, D. C. : The White House Council on Environmental Quality.

Office of Federal Register. 2008. *United States Government Manual* 2008-2009. Washington, D. C. : U. S. Government Printing Office.

Office of Technology Assessment (OTA). 1990. Coping with an Oiled Sea: Background Paper. Washington, D. C. : Congress of the United States, OTA.

Okey, T. A. 2003. Membership of the eight regional fishery management councils in the United States: Are special interests over-represented? *Marine Policy* 27: 193-206.

Orlando, S. , F. Shirzad, J. Schuerholz, D. Mathieux, and S. Strassner. 1988. *National Estuarine Inventory: Shoreline Modification, Dredged Channels and Dredged Material Disposal Areas in the Nation's Estuaries.* Rockville, MD: National Oceanic and Atmospheric Administration.

Owens, D. 1992. National goals, state flexibility, and accountability in coastal zone management. *Coastal Management* 20: 143–165.

Paganie, D. 2010. Reloading the Gulf. *Offshore* 70 (issue 50).

Parsons, S. 2005. Ecosystem considerations in fisheries management: Theory and practice. *The International Journal of Marine and Coastal Law* 20 (3–4): 381–422.

Pauly, D. 1995. Anecdotes and the shifting baseline syndrome of fisheries. *Trends in Ecology and Evolution* 10: 430.

Pauly, D. , and R. Watson. 2003. Counting the last fish. *Scientific American* (July): 42–47.

Pew Oceans Commission. 2003. *America's Living Oceans: Charting a Course for Sea Change.* Arlington, VA: Pew Oceans Commission. www. pewoceans. org.

Pezeshki, S. , M. Hester, Q. Lin, and J. Nyman. 2000. The effects of oil spill clean-up on dominant U. S. Gulf Coast marsh macrophytes: A review. *Environmental Pollution* 108: 129–139.

Pikitch, E. , S. Santora, E. Babcock, A. Bakun, R. Bonfil, D. Conover, P. Dayton, P. Doukakis, D. Fluharty, B. Heneman, E. Houde, J. Link, P. Livingston, M. Magnel, M. McAllister, J. Pope, and K. Sainsbury 2004. Ecosystem-based fishery management. *Science* 305: 346–347.

Platt, R. H. 1996. *Land Use and Society: Geography, Law, and Public Policy.* Washington, D. C. : Island Press.

Plummer, R. , and J. FitzGibbon. 2004. Some observations on the terminology in co-operative environmental management. *Journal of Environmental Management* 70: 63–72.

Pollnac, R. , S. Abbott-Jamieson, C. Smith, M. Miller, P. Clay, and B. Oles. 2006. Toward a model for fisheries social impact assessment. *Marine Fisheries Review* 68 (1–4): 1–18.

Pomeroy, R. , and F. Berkes. 1997. Two to tango: The role of government in fisheries co-management. *Marine Policy* 21: 465–480.

211 Pressman, J. , and A. Wildavsky. 1973. *Implementation: How Great Expectations in Washington Are Dashed in Oakland.* Berkeley, CA: University of California Press.

Rabalais, N. , and D. Gilbert. 2009. Distribution and consequences of hypoxia. In E. R. Urban, B. Sundby, P. Malanotte-Rizzoli, and J. Milello, eds. , *Watersheds, Bays, and Bounded Seas: The Science and Management of Semi-Enclosed Marine Systems.* Washington, D. C. : Island Press, 209–225.

Randall, R. E. 2004. Dredging. In G. Tsinker, ed. , *Port Engineering: Planning, Construction, Maintenance, and Security.* Hoboken, NJ: John Wiley & Sons, Inc. , 731–825.

Raymond, M. , and W. Leffler. 2006. *Oil and Gas Production in Nontechnical Language.* Tulsa, OK: PennWell Corporation.

Reed, D. J. 2002. Sea-level rise and coastal marsh sustainability: Geological and ecological factors in the Mississippi delta plain. *Geomorphology* 48: 233-243.

Roberts, C. 2007. *The Unnatural History of the Sea*. Washington, D. C. : Island Press.

Roheim, C. 2008. The economics of ecolabeling. In T. Ward and B. Phillips, eds. , *Seafood Ecolabeling: Principles and Practices*. Oxford, UK: Blackwell Publishing, 38-57.

Rosenberg, A. , and P. Sandifer. 2009. What do managers need? In K. McLeod and H. Leslie, eds. , *Ecosystem-based Management for the Oceans*. Washington, D. C. : Island Press, 13-30.

Rozan, T. , and G. Benoit. 2001. Mass balance of heavy metals in New Haven harbor, Connecticut: Predominance of nonpoint sources. *Limnology and Oceanography* 46: 2 032-2 049.

Ruhl, J. 2000. Farms, their environmental harms, and environmental law. *Ecology Law Quarterly* 27: 263-349.

Ruhl, J. , S. Kraft, and C. Lant. 2007. *The Law and Policy of Ecosystem Services*. Washington, D. C. : Island Press.

Ryther, J. 1969. Photosynthesis and fish production in the sea. *Science*166 (3901): 72-76.

Sabatier, P. , W. Focht, M. Lubell, Z. Trachtenberg, A. Vedlitz, and M. Matlock, eds. 2005a. *Swimming Upstream: Collaborative Approaches to Watershed Management*. Cambridge, MA: The MIT Press.

Sabatier, P. , C. Weible, and J. Ficker. 2005b. Eras of water management in the United States: Implications for collaborative watershed approaches. In P. Sabatier, W. Focht, M. Lubell, Z. Trachtenberg, A. Vedlitz, and M. Matlock, eds. , *Swimming Upstream: Collaborative Approaches to Watershed Management*. Cambridge, MA: The MIT Press, 23-52.

Salazar, K. 2010a. Establishment of the Bureau of Ocean Energy Management, the Bureau of Safety and Environmental Enforcement, and the Office of Natural Resources Revenue. Secretary of the Interior Order No. 3299.

Salazar, K. 2010b. Change of the name of the Minerals Management Service to the Bureau of Ocean Energy Management, Regulation, and Enforcement. Secretary of the Interior Order No. 3302.

Salcido, R. 2008. Offshore federalism and ocean industrialization. *Tulane Law Review* 82: 1 355-1 445.

Salvesen, D. 2005. The Coastal Barrier Resources Act: Has it discouraged development? *Coastal Management* 33: 181-195.

Schmitz, O. 2007. *Ecology and Ecosystem Conservation*. Washington, D. C. : Island Press.

Schneider, A. , and H. Ingram. 1997. *Policy Design for Democracy*. Lawrence: University Press of Kansas.

Schneider, A. , and M. Sidney. 2009. What's next for policy design and social construction theory? *Policy* 212
Studies Journal 37: 103-119.

Searles Jones, J. , and S. Ganey. 2009. Building the legal and institutional framework. In K. McLeod and H. Leslie, eds. , *Ecosystem-based Management for the Oceans*. Washington, D. C. : Island Press,

162–179.

Siry, J. 1984. *Marshes of the Ocean Shore: Development of an Ecological Ethic*. College Station: Texas A&M University Press.

Skinner, B., and K. Turekian. 1973. *Man and the Ocean*. Englewood Cliffs, NJ: Prentice-Hall, Inc.

Slocombe, S. 1998. Defining goals and criteria for ecosystem-based management. *Environmental Management* 22 (4): 483–493.

Smith, M. 2006. Cumulative impact assessment under the National Environmental Policy Act: An analysis of recent case law. *Environmental Practice* 8 (4): 228.

Sorensen, J. 1997. National and international efforts at integrated coastal management: Definition, achievements, and lessons. *Coastal Management* 25: 3–41.

Tacconi, L. 2007. Decentralization, forests, and livelihoods: Theory and narrative. *Global Environmental Change* 17: 338–348.

Tang, Z. 2008. Evaluating local coastal zone land use planning capacities in California. *Ocean & Coastal Management* 51: 544–555.

Tchobanoglous, G., and E. Schroeder. 1987. *Water Quality: Characteristics, Modeling, Modification*. Reading, MA: Addison-Wesley Publishing Company.

Titus, J., K. Anderson, D. Cahoon, D. Gesch, S. Gill, B. Gutierrez, E. Thieler, and J. Williams. 2009. Coastal Elevations and Sensitivity to Sea-Level Rise: A Focus on the Mid-Atlantic Region. Washington, D. C.: EPA, U. S. Climate Change Science Program Synthesis and Assessment Product 4. 1.

Tudela, S., and K. Short. 2005. Paradigm shifts, gaps, inertia, and political agendas in ecosystem-based fisheries management. *Marine Ecology Progress Series* 300: 282–286.

Turner, R. E., J. Baustian, E. Swenson, and J. Spicer. 2006. Wetland sedimentation from hurricanes Katrina and Rita. *Science* 313: 1 713–1 715.

United Nations Environment Program. 2006. Marine and coastal ecosystems and human well-being: A synthesis report based on the findings of the Millennium Ecosystem Assessment. Nairobi, Kenya: UNEP.

U. S. Census Bureau. 2007. Hurricane Data and Emergency Preparedness: Additional Information on Coastal Counties. Accessed 6/6/07. www. census. gov/Press-Release/www/emergencies/coast_areas. html.

U. S. Commission on Marine Science, Engineering, and Resources (Stratton Commission). 1969. *Our Nation and the Sea*—Panel Reports on Marine Science, Engineering, and Resources. Washington, D. C.: U. S. Government Printing Office.

U. S. Commission on Ocean Policy (USCOP). 2004. *An Ocean Blueprint for the 21st Century: Final Report*. Washington, D. C. www. oceancommission. gov.

Vestal, B. , and A. Rieser. 1995. Methodologies and mechanisms for management of cumulative coastal environmental impacts—Synthesis. NOAA Coastal Ocean Program Decision Analysis Series No. 6. Silver Spring, MD: NOAA.

vonWeizsacker, E. , O. Young, and M. Finger, eds. 2005. *Limits to Privatization: How to Avoid Too Much of Good Thing*. London: Earthscan.

Walker, B. , and D. Salt. 2006. *Resilience Thinking: Sustaining Ecosystems and People in a Changing* 213
World. Washington, D. C. : Island Press.

Weimer, D. , and A. Vining. 1992. *Policy Analysis: Concepts and Practice*. Englewood Cliffs, NJ: Prentice-Hall.

Wengert, N. 1985. The river basin concept as seen from a management perspective in the USA. In J. Lundqvist, U. Lohm, and M. Falkenmark, eds. , *Strategies for River Basin Management*. Dordrecht: D. Reidel Publishing Company, 299-305.

White, G. 1969. *Strategies of American Water Management*. Ann Arbor: The University of Michigan Press.

Worm, B. , R. Hilborn, J. Baum, T. Branch, J. Collie, C. Costello, M. Fogarty, E. Fulton, J. Hutchings, S. Jennings, O. Jensen, H. Lotze, P. Mace, T. McClanahan, C. Minto, S. Palumbi, A. Parma, D. Ricard, A. Rosenberg, R. Watson, and D. Zeller. 2009. Rebuilding global fisheries. *Science* 235: 578-585.

Yaffee, S. 1999. Three faces of ecosystem management. *ConservationBiology* 13 (4): 713-725.

Young, O. 1982. The political economy of fish: The Fishery Conservation and Management Act of 1976. *Ocean Development & International Law* 10: 199-273.

Young, O. , G. Osherenko, J. Ekstrom, L. Crowder, J. Ogden, J. Wilson, J. Day, F. Douvere, C. Ehler, K. McLeod, B. Halpern, and R. Peach. 2007. Solving the crisis in ocean governance: Place-based management of marine ecosystems. *Environment* 49 (4): 21-32.

Zile, Z. 1974. A legislative-political history of the Coastal Zone Management Act of 1972. *Coastal Zone Management Journal* 1: 235-274.

推荐阅读

第1章

Ehrlich, P., and A. Ehrlich. 1990. *The Population Explosion*. New York: Simon and Schuster.

Houghton, J. 2009. *Global Warming: The Complete Briefing*. Cambridge, UK: Cambridge University Press.

Kaufman, W., and O. Pilkey. 1983. *The Beaches Are Moving: The Drowning of America's Shoreline*. Durham, NC: Duke University Press.

U. S. Commission on Ocean Policy (USCOP). 2004. *An Ocean Blueprint for the 21st Century: Final Report*. Washington, D. C.

第2章

Baumgartner, F., and B. Jones. 2002. *Policy Dynamics*. Chicago: The University of Chicago Press.

Clark, T. 2002. *The Policy Process: A Practical Guide for Natural Resource Professionals*. New Haven, CT: Yale University Press.

Kingdon, J. 1995. *Agendas, Alternatives, and Public Policies*. New York: Longman.

Lasswell, H. 1971. *A Pre-View of Policy Sciences*. New York: American Elsevier.

Majone, J. 1989. *Evidence, Argument and Persuasion in the Policy Process*. New Haven, CT: Yale University Press.

Sabatier, P., and H. Jenkins-Smith. 1993. *Policy Change and Learning: An Advocacy CoalitionApproach*. Boulder, CO: Westview Press.

第3章

National Research Council. 1993. *Managing Wastewater in Coastal Urban Areas*. Washington, D. C.: National Academies Press.

Davies, J. C., and J. Mazurek. 1998. *Pollution Control in the United States: Evalua-*

ting theSystem. Washington, D. C. : Resources for the Future.

Kurlansky, M. 2006. *The Big Oyster: History on the Half Shell.* New York: Random-House, Inc.

Laws, E. A. 2000. *Aquatic Pollution: An Introductory Text*, 3rd ed. New York: John Wiley & Sons, Inc.

Tchobanoglous, G. , and E. Schroeder. 1987. *Water Quality: Characteristics, Modeling, Modification.* Reading, MA: Addison-Wesley Publishing Company.

第4章

Burger, J. 1997. *Oil Spills.* New Brunswick, NJ: Rutgers University Press.

Deffeyes, K. 2005. *Beyond Oil: A View from Hubbert's Peak.* New York: Hill and Wang.

Fitzgerald, E. 2001. *The Seaweed Rebellion: Federal – State Conflicts over Offshore Energy Development.* Lanham, MD: Lexington Books.

Freudenburg, W. , and R. Gramling. 1994. *Oil in Troubled Waters: Perceptions, Poli-* 216
tics, and the Battle over Offshore Drilling. Albany: State University of New York Press.

National Research Council. 2003. *Oil in the Sea III: Inputs, Fates, and Effects.* Washington, D. C. : The National Academies Press.

Raymond, M. , and W. Leffler. 2006. *Oil and Gas Production in Nontechnical Language.* Tulsa, OK: PennWell Corporation.

第5章

Brown, P. 2009. *America's Waterfront Revival: Port Authorities and Urban Redevelopment.* Philadelphia: University of Pennsylvania Press.

Hershman, M. 1988. *Urban Ports and Harbor Management: Responding to Change along US Waterfronts.* New York: Taylor and Francis.

Kennish, M. J. 1997. *Practical Handbook of Estuarine and Marine Pollution.* Boca Raton, FL: CRC Press.

Lechich, A. 2006. *A Storm in the Port: Keeping the Port of New York and New Jersey Open.* Hanover, NH: Dartmouth College Press/University of New England Press.

Newell, R. , L. Seiderer, and D. Hitchcock. 1998. The impact of dredging works oncoastal waters: A review of the sensitivity to disturbance and subsequent recoveryof biological resources on the sea bed. *Oceanography and Marine Biology Annual Review* 36: 127–178.

Tsinker, G. ed., 2004. *Port Engineering: Planning, Construction, Maintenance, and Security.* Hoboken, NJ: John Wiley & Sons, Inc.

第6章

Freudenburg, W., R. Gramling, S. Laska, and K. Erikson. 2009. *Catastrophe in the Making: The Engineering of Katrina and the Disasters of Tomorrow.* Washington, D. C.: Island Press.

Lewis Jr., W. 2001. *Wetlands Explained: Wetland Science, Policy, and Politics in America.* New York: Oxford University Press.

Mitsch, W. J., and J. G. Gosselink. 2007. *Wetlands*, 4th ed. Hoboken, NJ: John Wiley & Sons, Inc.

Teal, J., and M. Teal. 1969. *Life and Death of the Salt Marsh.* New York: Ballantine Books, Inc.

Pittman, C., and M. Waite. 2009. *Paving Paradise: Florida's Vanishing Wetlands and the Failure of No Net Loss.* Gainesville: University Press of Florida.

第7章

Beatley, T., D. J. Brower, and A. K. Schwab. 2002. *An Introduction to Coastal Zone Management*, 2nd ed. Washington, D. C.: Island Press.

Brown, K., E. Tompkins, and W. Adger. 2002. *Making Waves: Integrating Coastal Conservation and Development.* London: Earthscan.

Gibbons, B. 1977. *Wye Island.* Baltimore, MD: Johns Hopkins University Press.

Gubbay, S., ed. 1995. *Marine Protected Areas: Principles and Techniques for Management.* London, UK: Chapman and Hall.

Kay, R., and J. Alder. 2005. *Coastal Planning and Management.* London: Taylor & Francis Group.

Platt, R. H. 1996. *Land Use and Society: Geography, Law, and Public Policy.* Washington, D. C.: Island Press.

217 Wholey, J., H. Hatry, and K. Newcomer, eds. 2004. *Handbook of Practical Program*

Evaluation, 2nd ed. San Francisco: Jossey-Bass/John Wiley & Sons, Inc.

第8章

Cortner, H. , and M. Moote. 1999. A paradigm shift? In *The Politics of Ecosystem Management*. Washington, D. C. : Island Press.

Daily, G. C. , ed. 1997. *Nature's Services: Societal Dependence on Natural Ecosystems*. Washington, D. C. : Island Press.

Layzer, J. 2008. *Natural Experiments: Ecosystem-based Management and the Environment*. Cambridge, MA: The MIT Press.

McLusky, D. , and M. Elliott. 2004. *The Estuarine Ecosystem: Ecology, Threats, and Management*, 3rd ed. Oxford, UK: Oxford University Press.

McLeod, K. , and H. Leslie, eds. 2009. *Ecosystem-based Management for the Oceans*. Washington, D. C. : Island Press.

Walker, B. , and D. Salt. 2006. *Resilience Thinking: Sustaining Ecosystems and People in a Changing World*. Washington, D. C. : Island Press.

第9章

Brauman, K. , G. Daily, T. Duarte, and H. Mooney. 2007. The nature and value of ecosystemservices: An overview highlighting hydrologic services. *Annual Review of Environment and Resources* 32: 67-98.

Ernst, H. 2003. *Chesapeake Bay Blues: Science, Politics, and the Struggle to Save the Bay*. Lanham, MD: Rowman& Littlefield Publishers, Inc.

Gregersen, H. , P. Ffolliot, and K. Brooks. 2007. *Integrated Watershed Management: Connecting People to Their Land and Water*. Oxfordshire, UK: CAB International.

Houck, O. 2002. *The Clean Water Act TMDL Program: Law, Policy, and Implementation*. Washington, D. C. : Environmental Law Institute.

Lee, K. 1993. *Compass and Gyroscope: Integrating Science and Politics for the Environment*. Washington, D. C. : Island Press.

Sabatier, P. , W. Focht, M. Lubell, Z. Trachtenberg, A. Vedlitz, and M. Matlock, eds. 2005. *Swimming Upstream: Collaborative Approaches to Watershed Management*. Cambridge, MA: The MIT Press.

Urban, E. , B. Sundby, P. Malanotte-Rizzoli, and J. Melillo. 2009. *Watersheds*,

Bays, and Bounded Seas: The Science and Management of Semi-enclosed Marine Systems. SCOPE70. Washington, D. C.: Island Press.

White, G. 1969. *Strategies of American Water Management*. Ann Arbor: The University of Michigan Press.

第 10 章

Helfman, G. 2007. *Fish Conservation: A Guide to Understanding and Restoring Global-Aquatic Biodiversity and Fishery Resources*. Washington, D. C.: Island Press.

Ostrom, E. 1990. *Governing the Commons: Evolution of Institutions for Collective Action*. Cambridge, UK: Cambridge University Press.

Warner, W. 1977. *Distant Water: The Fate of the North Atlantic Fisherman*. Boston, MA: Little, Brown and Company.

Weber, M. 2002. *From Abundance to Scarcity: A History of U. S. Marine Fisheries Policy*. Washington, D. C.: Island Press.

Worm, B., R. Hilborn, J. Baum, T. Branch, J. Collie, C. Costello, M. Fogarty, E.
218 Fulton, J. Hutchings, S. Jennings, et al. 2009. Rebuilding global fisheries. *Science* 235: 578-585.

第 11 章

Argyris, C., and D. Schon. 1978. *Organizational Learning: A Theory of Action Perspective*. Reading, MA: Addison-Wesley Publishing Company.

索引[1]

233

图例、照片、插画用“f”表示，表格用“t”表示。

① 页码为原著页码，即中文版边注页码。——译者注

N

译后记

海岸管理一直以来是我国涉海管理的重要方面，准确地说是越来越重要的管理领域。随着我国海洋生态红线制度的实施，海岸管理方式的转变也正在逐步进入决策层的视野。除加强我国自身海岸管理研究外，有必要从实际管理操作层面参考他国的有益经验，本书出版的意义与价值就在于此。

本书的翻译出版得到了国家海洋局海岛研究中心研究项目（G2200214.150202.01、G2200299.15021）的大力支持，感谢中心领导蔡锋主任、侯纯扬书记、苏晖副主任、高文副主任在翻译过程中的帮助，感谢陈慧副总工在翻译过程中的讨论与指导。

由于我们的水平有限，在翻译本书时，肯定有许多不足之外，欢迎随时批评指正（E-mail：dengyuncheng2006@163.com），在此先行感谢。

译　者

2017 年于福建平潭